Neiß · Liermann

Determinanten und Matrizen

Lineare Algebra

8. neubearbeitete Auflage
von H. Liermann

Springer-Verlag
Berlin · Heidelberg · New York 1975

Dr. HEINZ LIERMANN
Professor a. D. der Freien Universität Berlin

ISBN-13: 978-3-540-06734-4   e-ISBN-13: 978-3-642-86193-2
DOI: 10.1007/978-3-642-86193-2

Library of Congress Cataloging in Publication Data
Neiss, Fritz, 1883–1952.
Determinanten und Matrizen.
Bibliography: p.
1. Algebras, Linear. 2. Determinants. 3. Matrices.
I. Liermann, Heinz, 1909– joint author. II. Title.
QA184.N44 1974 512.9'43 74-10817

Vorwort zur achten Auflage

Seit dem ersten Erscheinen des Büchleins "Determinanten und Matrizen" von Fritz Neiß sind 30 Jahre vergangen. Die große Zahl der Auflagen beweist überzeugend, daß das Buch einen breiten Leserkreis unter Studenten und Lehrern gefunden hat. Inzwischen hat die Mathematik eine stürmische Weiterentwicklung und einen bedeutsamen Strukturwandel erfahren. Es lag daher eine zwingende Notwendigkeit vor, in einer völligen Neubearbeitung die Darstellungsform und den Inhalt dem gegenwärtigen Stand der mathematischen Wissenschaft und Lehre anzupassen. Die neue Darstellung muß strukturelle Betrachtungsweisen stärker in Erscheinung treten lassen.

Die Theorie der Matrizen und Determinanten ist als Teilgebiet der linearen und multilinearen Algebra zu verstehen.

In Kapitel 1 findet der Leser die Grundlagen (Mengenalgebra, Abbildungen, Kompositionen usw.). Kapitel 2 bringt einen Abriß der Theorie der Vektorräume, soweit es für die Behandlung des Themas erforderlich ist.

In Kapitel 3 werden die Matrizen als lineare Abbildungen zwischen arithmetischen Vektorräumen und nicht als bloße Schemata von Körperelementen eingeführt. Diese Einführung erweist sich gegenüber der älteren als sehr zweckmäßig im Hinblick auf Begriffsdefinitionen und Beweise von Sätzen.

Das Kapitel 4 enthält die Determinantentheorie. Wie es heute üblich ist, wird die Determinante als ein einem Endomorphismus f eines endlichdimensionalen Vektorraumes in bestimmter Weise zugeordnetes Körperelement definiert. Insbesondere ist dieser Begriff dann auch für quadratische Matrizen erklärt. In den vorangehenden Auflagen wurde die Determinante als Funktion von n^2 Variablen mit bestimmten Eigenschaften definiert. Bei der Einführung der Determinante in dieser Auflage werden einige Zusammenhänge über alternierende Formen benutzt. Hiermit wird das Kapitel 4 eingeleitet.

In Kapitel 5 werden lineare Gleichungssysteme behandelt. Ihre Theorie folgt unmittelbar aus den über lineare Abbildungen bewiesenen Sätzen. Dadurch wird die Darstellung kürzer und klarer. Zusätzlich wurde der Gaußsche Algorithmus aufgenommen.

Um die Sätze im ehemaligen Kapitel über "Orthogonalisierung" präziser und allgemeiner fassen zu können, wurden im Kapitel 6 die Begriffe Skalarprodukt und euklidischer Vektorraum eingeführt. In diesem Kapitel sind auch die geometrischen Anwendungen wegen ihres Zusammenhangs mit den euklidischen Vektorräumen zusammengefaßt worden (in gestraffter Form).

Alle Sätze über das charakteristische Polynom wurden zu Beginn des Kapitels 7 über quadratische Formen untergebracht. Bis auf Umformulierungen sind die Sätze über charakteristische Polynome und quadratische Formen übernommen worden. Die notwendigen elementaren Sätze der Kombinatorik, den Induktionsschluß und einige Vorbetrachtungen findet der Leser im Anhang.

Der Umfang der konkreten Ergebnisse in den vorangehenden Auflagen blieb im wesentlichen erhalten.

Der Hinweis, daß die im Text angeführten Beispiele für den Fortgang der Darstellung von wesentlicher Bedeutung sind und deshalb nicht überlesen werden sollten, ist für den Leser wichtig. Beweisführung und Interpretationen sind recht ausführlich und erleichtern so das Verständnis.

Zu großem Dank verpflichtet bin ich Frau Diplom-Mathematikerin Ingrid S p e r i n g und Herrn Diplom-Mathematiker Wolfgang S p e - r i n g , die wertvolle Hilfe bei der Abfassung des Manuskriptes geleistet haben. Ihre kritische Durchsicht des gesamten Textes in bezug auf Form und Inhalt ist sehr nützlich gewesen. Dank schulde ich aber auch dem Verlag für seine Bemühungen um die Drucklegung der Neubearbeitung.

Springe, Oktober 1974   Heinz Liermann

Inhaltsverzeichnis

1. Grundlagen

1.1. Mengentheoretische Begriffe

In dieser kurzen Einführung verzichten wir auf eine ausführliche
Darstellung der Mengentheorie und zählen lediglich die wichtigsten
Begriffe und Konstruktionen auf, die im folgenden gebraucht wer-
den. Zur genaueren Information darüber verweisen wir auf die im
Literaturverzeichnis zu diesem Thema angegebenen Werke.

Der Leser mag von der naiven Betrachtungsweise ausgehen und sich
eine Menge als Zusammenfassung von wohldefinierten mathematischen Objekten vorstellen. Die zu einer Menge gehörigen Objekte
werden ihre Elemente genannt. Ist das Objekt x Element der
Menge M, so schreibt man $x \in M$, andernfalls $x \notin M$. Zwei Mengen sind gleich, wenn sie dieselben Elemente enthalten.

Wichtige Beispiele für Mengen sind die Zahlenmengen. Wir verwenden folgende Bezeichnungen: $\underline{N}$ für die Menge der natürlichen
Zahlen, $\underline{Z}$ für die der ganzen, $\underline{Q}$ für die der rationalen, $\underline{R}$ für die
der reellen und $\underline{C}$ für die der komplexen Zahlen.

M und T seien Mengen. T heißt Teilmenge von M, wenn jedes
Element von T auch Element von M ist. Wir schreiben dann $T \subset M$.

Eine Menge ist stets Teilmenge ihrer selbst. Für Mengen X, Y, Z
gilt: Ist $X \subset Y$ und $Y \subset X$, so folgt $X = Y$, und wenn $X \subset Y$ und
$Y \subset Z$, so ist $X \subset Z$.

Elemente einer Menge M mit gleichen mathematischen Eigenschaften bestimmen eine Teilmenge von M. Die Menge X der Elemente
$x \in M$ mit den Eigenschaften $\varepsilon_1, \ldots, \varepsilon_r$ beschreiben wir kurz durch

$$X = \{x \mid x \in M, x \text{ mit } \varepsilon_1, \ldots, \varepsilon_r\}.$$

Beispiel: $X = \{x \mid x \in \underline{Q}, 0 \leqslant x \leqslant 1\}$ ist die Menge der rationalen Zahlen
zwischen 0 und 1.

Wenn aus dem Zusammenhang hervorgeht, welcher Menge die Elemente x entnommen sind, lassen wir in der obigen Schreibweise die Bedingung $x \in M$ weg.

Es ist möglich, daß es in M kein Element mit den Eigenschaften ε_i gibt. Zweckmäßigerweise ordnet man den ε_i auch in diesem Fall eine Menge zu, nämlich die l e e r e   M e n g e . Es ist die Menge, die kein Element enthält. Wir bezeichnen sie mit $\emptyset$. $\emptyset$ ist Teilmenge jeder Menge.

Beispiel: Die Menge aller Primzahlen zwischen 90 und 96 ist leer.

Enthält eine Menge M nur endlich viele Elemente $x_1, \ldots, x_n$ - man spricht dann von einer e n d l i c h e n   M e n g e -, so können wir diese einzeln aufführen und schreiben $M = \{x_1, \ldots, x_n\}$. $\{x\}$ ist also die Menge, die nur das Element x enthält.

Die Teilmengen einer Menge M bilden eine Menge, die die P o t e n z - m e n g e von M genannt und mit $\mathfrak{P}(M)$ bezeichnet wird.

Aus je zwei Teilmengen A und B der Menge M werden folgende neue Teilmengen konstruiert:

a) Die Menge $A \cup B$ der Elemente $x \in M$, die in A oder in B, also in wenigstens einer der Mengen A oder B liegen. $A \cup B$ heißt die V e r e i n i g u n g von A und B.

b) Die Menge $A \cap B$ der $x \in M$, die sowohl in A als auch in B liegen. $A \cap B$ heißt der D u r c h s c h n i t t von A und B.

Man nennt die Teilmengen A und B d i s j u n k t , wenn $A \cap B = \emptyset$ gilt.

c) Die Menge $A \backslash B$ der $x \in M$, für die $x \in A$ und $x \notin B$ gilt. $A \backslash B$ heißt die D i f f e r e n z von A und B. Die bezüglich der festen Grundmenge M für jede Teilmenge $B \subset M$ gebildete Differenz $M \backslash B$ heißt auch das K o m p l e m e n t von B bezüglich M und wird mit $C_M B$ bezeichnet.

A, B und C seien Teilmengen der Menge M. Es gelten u.a. folgende
Regeln:

$$A \cup B = B \cup A, \quad A \cap B = B \cap A,$$
$$(A \cup B) \cup C = A \cup (B \cup C), \quad (A \cap B) \cap C = A \cap (B \cap C),$$
$$A \cup (A \cap B) = A, \quad A \cap (A \cup B) = A,$$
$$A \cup (B \cap C) = (A \cup B) \cap (A \cup C),$$
$$A \cap (B \cup C) = (A \cap B) \cup (A \cap C),$$
$$A \cap C_M A = \emptyset, \quad A \cup C_M A = M,$$

aus $A \cup B = A$ folgt $B \subset A$ und umgekehrt,
aus $A \cap B = A$ folgt $A \subset B$ und umgekehrt,

die Gesetze von de Morgan:

$$C_M(A \cup B) = C_M A \cap C_M B \quad \text{und} \quad C_M(A \cap B) = C_M A \cup C_M B.$$

Es sei $\mathfrak{T}$ eine Teilmenge der Potenzmenge $\mathfrak{P}(M)$. $T_0 \in \mathfrak{T}$ heißt maximale Menge von $\mathfrak{T}$, wenn für $T \in \mathfrak{T}$ mit $T_0 \subset T$ die Gleichheit $T_0 = T$
folgt, und T_0 heißt größte Menge von $\mathfrak{T}$, wenn $T \subset T_0$ für alle $T \in \mathfrak{T}$
ist.

Entsprechend werden minimale und kleinste Menge von $\mathfrak{T}$ definiert.

1.2. Das kartesische Produkt

X und Y seien Mengen. Unter dem kartesischen Produkt $X \times Y$
von X und Y versteht man die Menge der geordneten Paare (x,y)
mit $x \in X$ und $y \in Y$. Das geordnete Paar (x,y) kann etwa definiert
werden durch die Menge $(x,y) = \{\{x\}, \{x,y\}\}$. Wesentlich ist, daß
für x, x' aus X und y, y' aus Y die Gleichheit $(x,y) = (x',y')$
genau dann gilt, wenn $x = x'$ und $y = y'$ ist.

Rekursiv definiert man für n Mengen $X_1, \ldots, X_n$, $n \geq 2$, das karsische Produkt durch $X_1 \times \ldots \times X_n = (X_1 \times \ldots \times X_{n-1}) \times X_n$. Die
Elemente von $X_1 \times \ldots \times X_n$ schreiben wir in der Form $(x_i)_{1 \leq i \leq n}$
oder $(x_1, \ldots, x_n)$ (als Zeile) und in bestimmten Fällen auch $\begin{pmatrix} x_1 \\ \vdots \\ x_n \end{pmatrix}$

(als Spalte); $x_i \in X_i$ nennen wir die i-te Komponente des (geordneten) n-tupels. Es ist $(x_i)_{1 \leq i \leq n} = (x_i')_{1 \leq i \leq n}$ genau dann, wenn $x_i = x_i'$ für jedes $i = 1, \ldots, n$ ist. Statt $X_1 \times \ldots \times X_n$ schreiben wir auch $\underset{i=1}{\overset{n}{\mathsf{X}}} X_i$.

Für eine Menge X bedeute X^n ($n \in \underline{N}$) im Falle $n = 1$ die Menge X und im Falle $n \geq 2$ das n-fache kartesische Produkt von X mit sich selbst.

1.3. Abbildungen

Wir führen den Begriff der Abbildung mit Hilfe des kartesischen Produktes ein. X und Y seien Mengen, und F sei eine Teilmenge des kartesischen Produktes $X \times Y$. Wir nennen das Tripel $f = (X, Y, F)$ Abbildung von X in Y, wenn gilt: Zu jedem $x \in X$ gibt es genau ein $y \in Y$ mit $(x, y) \in F$.

Es ist üblich, den Sachverhalt, daß $f = (X, Y, F)$ Abbildung von X in Y ist, durch $f : X \to Y$ auszudrücken. Das zu jedem $x \in X$ eindeutig bestimmte $y \in Y$ mit $(x, y) \in F$ wird das Bild von x unter f genannt und mit $y = f(x)$ bezeichnet. Eine Abbildung f liegt also fest durch Angabe der Menge X (Definitionsbereich), der Menge Y (Wertevorrat) und der Elemente $f(x) \in Y$ für jedes $x \in X$.

Für $A \subset X$ heißt die Menge $f[A] = \{y \mid y \in Y, y = f(x) \text{ mit } x \in A\}$ das Bild von A unter f, und für $B \subset Y$ heißt $f^{-1}[B] = \{z \mid z \in X, f(z) \in B\}$ das Urbild von B unter f.

A, A' seien Teilmengen von X und B, B' solche von Y. Bezüglich einer Abbildung $f : X \to Y$ gelten folgende Regeln:

Aus $A \subset A'$ folgt $f[A] \subset f[A']$,
aus $B \subset B'$ folgt $f^{-1}[B] \subset f^{-1}[B']$,
$f[A \cup A'] = f[A] \cup f[A']$, $f^{-1}[B \cup B'] = f^{-1}[B] \cup f^{-1}[B']$,
$f[A \cap A'] \subset f[A] \cap f[A']$, $f^{-1}[B \cap B'] = f^{-1}[B] \cap f^{-1}[B']$,
$A \subset f^{-1}[f[A]]$, $f[f^{-1}[B]] \subset B$.

Die Menge der Abbildungen von X in Y wollen wir mit
$\underline{Abb}(X,Y)$ bezeichnen. Zwei Abbildungen f und g aus $\underline{Abb}(X,Y)$
sind offenbar genau dann gleich, wenn $f(x) = g(x)$ für jedes $x \in X$
gilt.

X, Y, Z seien Mengen, ferner sei $f \in \underline{Abb}(X,Y)$ und $g \in \underline{Abb}(Y,Z)$.
Durch Hintereinanderausführung der beiden Abbildungen gewinnen
wir eine Abbildung $h \in \underline{Abb}(X,Z)$, die demnach definiert ist durch
$h(x) = g(f(x))$ für jedes $x \in X$. Wir schreiben $h = g \circ f$ und nennen
h die Komposition von f und g. Es sei W eine weitere Menge
und $l \in \underline{Abb}(Z,W)$; dann gilt $l \circ (g \circ f) = (l \circ g) \circ f$.

Wir zählen nun einige spezielle Abbildungen auf. X und Y seien beliebige Mengen.

Die Abbildung $1_X : X \to X$, definiert durch $1_X(x) = x$ für jedes $x \in X$,
heißt die identische Abbildung oder Identität auf X. Sie
hat die Eigenschaft, daß für $f \in \underline{Abb}(X,Y)$ und $g \in \underline{Abb}(Y,X)$ die Beziehungen $f \circ 1_X = f$ und $1_X \circ g = g$ gelten.

T sei eine Teilmenge von X. Die Abbildung $i_T : T \to X$, definiert
durch $i_T(x) = x$ für jedes $x \in T$, heißt die Inklusion von T in X.
Es sei $f \in \underline{Abb}(X,Y)$. Die Abbildung $f|T : T \to Y$, definiert durch
$f|T = f \circ i_T$, heißt die Einschränkung von f auf T. Es sei
$g_0 \in \underline{Abb}(T,Y)$. Man nennt eine Abbildung $g : X \to Y$ eine Fortse-
tzung von g_0 auf X, wenn $g|T = g_0$ ist.

$c : X \to Y$ heißt konstant, wenn es ein $y_0 \in Y$ gibt derart, daß
$c[X] = \{y_0\}$ ist.

Man bezeichnet eine Abbildung f von der Menge X in die Menge Y als

a) injektiv, wenn für x und x' aus X mit $x \neq x'$ auch $f(x) \neq f(x')$
ist,

b) surjektiv (oder auch als Abbildung von X auf Y), wenn es
zu jedem $y \in Y$ ein $x \in X$ mit $f(x) = y$ gibt, also $f[X] = Y$ gilt,

c) bijektiv, wenn f sowohl injektiv als auch surjektiv ist.

Eine bijektive Abbildung $f : X \to Y$ bestimmt eine Abbildung $f^{-1} : Y \to X$ auf folgende Weise: Zu jedem $y \in Y$ sei $f^{-1}(y) = x$, falls $f(x) = y$ ist. f^{-1} heißt die zu f inverse Abbildung; sie ist ebenfalls bijektiv, und es gilt für sie $f \circ f^{-1} = 1_Y$, $f^{-1} \circ f = 1_X$ und $(f^{-1})^{-1} = f$.

Beispiele: Die Identität auf einer Menge ist bijektiv, die Inklusion einer Teilmenge injektiv. Die Abbildung f der komplexen Zahlen in sich, gegeben durch $f(z) = z^2$ für jedes $z \in \underline{C}$, ist surjektiv. Dagegen ist $g : \underline{R} \to \underline{R}$ mit $g(r) = r^2$ $(r \in \underline{R})$ nicht surjektiv. Die Abbildung $h : \underline{Z} \to \underline{Z}$, definiert durch $h(a) = a + q$ mit $q \in \underline{Z}$ für jedes $a \in \underline{Z}$, ist bijektiv. Es ist $h^{-1}(a) = a - q$ für alle $a \in \underline{Z}$.

Es sei X eine Menge. Wir wollen den Begriff des n-tupels von Elementen aus X noch erweitern und vergleichen dazu die Menge X^n mit der Menge $\underline{Abb}(N,X)$, wobei $N = \{1,\ldots,n\}$ ist. Jedes Element $(x_1,\ldots,x_n) \in X^n$ definiert eine Abbildung $x : N \to X$, die durch $x(i) = x_i$ für $i \in N$ gegeben ist. Damit ist eine Abbildung von X^n in $\underline{Abb}(N,X)$ erklärt, von der man leicht zeigen kann, daß sie bijektiv ist. Die dazu inverse Abbildung ordnet jedem $y \in \underline{Abb}(N,X)$ gerade das Element $(y(1),\ldots,y(n))$ in X^n zu. Diese Betrachtungen legen die folgende erweiterte Begriffsbildung nahe:

Wir wählen statt N eine beliebige Menge I und verstehen unter einer Familie von Elementen aus X mit der Indexmenge I eine Abbildung x von I in X. Wird für $i \in I$ dann $x(i) = x_i$ gesetzt, so schreiben wir auch $x = (x_i)_{i \in I}$ oder einfach $x = (x_i)$. Ist speziell $I = J \times K$, $(j,k) \in J \times K$, so schreiben wir $x = (x_{jk})$.

1.4. Innere und äußere Verknüpfungen

Es sei X eine nichtleere Menge. Eine Abbildung φ_τ von $X \times X$ in X heißt eine innere Verknüpfung (auch innere Komposition) auf X. Wir werden künftig für das Bild $\varphi_\tau(x,y) \in X$ des Paares $(x,y) \in X \times X$ meistens $x \tau y$ schreiben.

Die Bedeutung dieses Begriffes sollen die folgenden Beispiele beleuchten:

Beispiel 1.1: Auf der Menge der ganzen Zahlen $\underline{Z}$ (sowie auf der
Menge der rationalen Zahlen $\underline{Q}$, der reellen Zahlen $\underline{R}$ und der komplexen Zahlen $\underline{C}$) sind durch Addition und Multiplikation zwei innere
Verknüpfungen erklärt, nämlich $\varphi_+ : \underline{Z} \times \underline{Z} \to \underline{Z}$ und $\varphi_\cdot : \underline{Z} \times \underline{Z} \to \underline{Z}$,
definiert durch $\varphi_+(a,b) = a + b$ und $\varphi_\cdot(a,b) = a \cdot b$ für alle a und b
aus $\underline{Z}$ (bzw. aus $\underline{Q}$, $\underline{R}$ und $\underline{C}$). Wir wollen sie a d d i t i v e und
m u l t i p l i k a t i v e Verknüpfung auf $\underline{Z}$ ($\underline{Q}$, $\underline{R}$ oder $\underline{C}$) nennen.

Beispiel 1.2: M sei eine Menge. Auf ihrer Potenzmenge $\mathfrak{P}(M)$ kön-
nen wir innere Verknüpfungen $\varphi_\cup$, $\varphi_\cap$, $\varphi_\backslash$, gegeben durch $\varphi_\cup(A,B) =$
$= A \cup B$, $\varphi_\cap(A,B) = A \cap B$ und $\varphi_\backslash(A,B) = A \backslash B$ $(A,B \in \mathfrak{P}(M))$, erklären.

Beispiel 1.3: Die Komposition von Abbildungen einer nichtleeren
Menge M in sich definiert eine innere Verknüpfung $\varphi_\circ$ auf $\underline{Abb}(M,M)$:
$\varphi_\circ(f,g) = f \circ g$ für f und g aus $\underline{Abb}(M,M)$.

Ω und X seien nichtleere Mengen. Eine Abbildung α von $\Omega \times X$ in
X (oder von $X \times \Omega$ in X) heißt eine ä u ß e r e V e r k n ü p f u n g (auch
ä u ß e r e K o m p o s i t i o n) auf X mit dem O p e r a t o r e n b e r e i c h Ω.

Beispiel 1.4: X sei eine nichtleere Menge. Dann ist $\alpha : \underline{Abb}(X,X) \times X \to X$
mit $\alpha(f,x) = f(x)$ $(f \in \underline{Abb}(X,X),\ x \in X)$ eine äußere Verknüpfung auf
X mit dem Operatorenbereich $\underline{Abb}(X,X)$.

Es erweist sich als zweckmäßig, noch den Begriff der i n d u z i e r -
t e n V e r k n ü p f u n g einzuführen.

X sei eine nichtleere Menge und U eine nichtleere Teilmenge von X.

Es sei φ_T eine innere Verknüpfung auf X und ψ_T eine solche auf U.
Wir sagen, φ_T i n d u z i e r e ψ_T, wenn $\psi_T(u,v) = \varphi(u,v)$ für alle
$(u,v) \in U \times U$ ist.

Es gibt genau dann eine innere Verknüpfung auf U, die von φ_T induziert wird, wenn $\varphi_T[U \times U] \subseteq U$ gilt, und diese ist dann eindeutig bestimmt. Wir wollen sie mit φ_T^U bezeichnen.

Für eine äußere Verknüpfung α auf X mit dem Operatorenbereich Ω
und eine äußere Verknüpfung β auf U mit dem Operatorenbereich Ω'

$(\Omega' \subset \Omega)$ definieren wir ähnlich. Wir sagen, α induziere β, wenn $\beta(a,u) = \alpha(a,u)$ für alle $(a,u) \in \Omega' \times U$ ist.

Es gibt auf U höchstens eine von α induzierte äußere Verknüpfung, und es existiert genau dann eine, wenn $\alpha[\Omega' \times U] \subset U$.

Beispiel 1.5: Die multiplikative Verknüpfung auf $\underline{R}$ induziert die auf $\underline{Q}$ (s. Beispiel 1.1). Entsprechendes gilt für die additive Verknüpfung. Statt $\underline{R}$ und $\underline{Q}$ kann hier auch jede andere sinnvolle Kombination der Mengen $\underline{Z}$, $\underline{Q}$, $\underline{R}$ und $\underline{C}$ eingesetzt werden.

Beispiel 1.6: Für eine nichtleere Menge M sei B die Teilmenge der bijektiven Abbildungen aus $\underline{Abb}(M,M)$. Man sieht sofort, daß mit f und g auch die Komposition $f \circ g$ zu B gehört. Das bedeutet aber, daß die Verknüpfung φ_o auf $\underline{Abb}(M,M)$ (s. Beispiel 1.3) eine innere Verknüpfung φ_o^B auf B induziert.

2. Vektorräume und lineare Abbildungen

2.1. Gruppen, Ringe, Körper

Unter den bisher genannten inneren Verknüpfungen ist uns der Umgang
mit den additiven und multiplikativen Verknüpfungen auf den Zahlenmengen am vertrautesten, d.h. wir kennen die Regeln, nach denen
Zahlen addiert und multipliziert werden. Bei näherer Betrachtung
stellt sich nun heraus, daß zahlreiche Aussagen über das Zahlenrech-
nen auf wenige Grundeigenschaften der Verknüpfungen zurückgeführt
werden können, und es zeigt sich ferner, daß solche Eigenschaften
auch für andere Verknüpfungen - beispielsweise für φ_0^B auf der Menge
der bijektiven Abbildungen einer Menge (s. Beispiel 1.6) - erfüllt
sind. Das legt den Gedanken nahe, Begriffe zu entwickeln, die diese
Gemeinsamkeiten allgemein erfassen.

Wir betrachten das Paar (X,φ_τ), bestehend aus einer nichtleeren
Menge X und einer inneren Verknüpfung φ_τ auf X. Man sagt, für
(X,φ_τ) gelte das A s s o z i a t i v g e s e t z , wenn für je drei Elemente
x, y, z aus X die Bedingung $x \tau (y \tau z) = (x \tau y) \tau z$ erfüllt ist, und
es gelte das K o m m u t a t i v g e s e t z , wenn für je zwei Elemente x,
y aus X die Bedingung $x \tau y = y \tau x$ erfüllt ist. Ein Element $e \in X$
mit $e \tau x = x \tau e = x$ für alle $x \in X$ heißt n e u t r a l e s   E l e m e n t
von (X,φ_τ). (X,φ_τ) besitze ein neutrales Element e; für $x \in X$
nennt man dann $x' \in X$ ein zu x i n v e r s e s   E l e m e n t , wenn $x \tau x' =$
$x' \tau x = e$ ist.

Ein neutrales Element e von (X,φ_τ) ist eindeutig bestimmt; denn
ist $\bar{e}$ ein weiteres Element aus X mit gleicher Eigenschaft, so folgt
aus $e = e \tau \bar{e} = \bar{e}$ die Gleichheit. Fordert man neben der Existenz
von e noch zusätzlich die Gültigkeit des Assoziativgesetzes für (X,φ_τ),
so kann man zeigen, daß jedes Element $x \in X$ höchstens ein inverses
Element hat: Wir nehmen an, daß x' und x'' beide zu x invers sind;
dann ergibt sich aus $x' = e \tau x' = (x'' \tau x) \tau x' = x'' \tau (x \tau x') = x'' \tau e = x''$
die Behauptung.

U sei eine nichtleere Teilmenge von X. Für den Fall, daß φ_T eine innere Verknüpfung φ_T^U auf U induziert, wollen wir die Frage beantworten, inwieweit sich Eigenschaften von (X,φ_T) auf (U,φ_T^U) übertragen lassen:

Gelten für (X,φ_T) Assoziativ- oder Kommutativgesetz, so offenbar auch für (U,φ_T^U). (X,φ_T) besitze ein neutrales Element e. Gehört e zu U, so ist e auch neutrales Element von (U,φ_T^U). Unter der Voraussetzung $e \in U$ sei u' ein zu $u \in U$ inverses Element bezüglich φ_T. Ist $u' \in U$, dann ist auch u' invers zu u bezüglich φ_T^U.

Die Verknüpfung von n Elementen $x_1,\ldots,x_n$ aus X $(n \geqslant 2)$ kann rekursiv definiert werden durch

$$x_1 \top \ldots \top x_n = (x_1 \top \ldots \top x_{n-1}) \top x_n .$$

Gilt für (X,φ_T) das Assoziativgesetz, so ist im Falle $n = 3$

$$x_1 \top x_2 \top x_3 = (x_1 \top x_2) \top x_3 = x_1 \top (x_2 \top x_3) .$$

Es ergibt sich allgemein

$$x_1 \top \ldots \top x_n = (x_1 \top \ldots \top x_{r-1}) \top (x_r \top \ldots \top x_n)$$

für jedes $r = 2,\ldots,n$ und weiter, daß beliebiges Klammern immer zu dem Ergebnis $x_1 \top \ldots \top x_n$ führt.

Schreibt man die Verknüpfung additiv $(+)$ bzw. multiplikativ $(\cdot)$, so verwendet man Schreibweisen wie

$$\sum_{i=1}^{n} x_i \qquad \text{statt} \qquad x_1 + \ldots + x_n \qquad \text{bzw.}$$

$$\prod_{i=1}^{n} x_i \qquad \text{statt} \qquad x_1 \cdot \ldots \cdot x_n .$$

Im Falle $x_1 = \ldots = x_n = x$ schreibt man $x_1 + \ldots + x_n = n\,x$ und $x_1 \cdot \ldots \cdot x_n = x^n$.

<u>Beispiel 2.1:</u> Wir betrachten die Zahlenmengen $\underline{Z}$, $\underline{Q}$, $\underline{R}$ und $\underline{C}$ und
die auf ihnen erklärten additiven und multiplikativen Verknüpfungen
(s. Beispiel 1.1):

Für $(\underline{Z},\varphi_+)$ und $(\underline{Z},\varphi_.)$ gelten Assoziativ- und Kommutativgesetz.
$(\underline{Z},\varphi_+)$ besitzt ein neutrales Element, nämlich 0, und für jedes $a \in \underline{Z}$
ist $-a$ invers zu a. Die Zahl 1 ist neutrales Element von $(\underline{Z},\varphi_.)$.
Diese Aussagen bleiben richtig, wenn $\underline{Z}$ durch $\underline{Q}$, $\underline{R}$ oder $\underline{C}$ ersetzt
wird und die entsprechenden Verknüpfungen dazu betrachtet werden.
Dagegen bestehen Unterschiede zwischen $\underline{Z}$ und den übrigen genannten
Zahlenmengen bei der Frage nach der Existenz von inversen Elemen-
ten bezüglich der multiplikativen Verknüpfung. Während es bei $(\underline{Z},\varphi_.)$
nur zu den Zahlen 1 und -1 inverse Elemente gibt, hat in $\underline{Q}$, $\underline{R}$ und
$\underline{C}$ jedes von Null verschiedene Element a bezüglich der multiplikativen Verknüpfung ein inverses, nämlich a^{-1}.

<u>Beispiel 2.2:</u> Zu den nichtleeren Mengen M_i, $i = 1,2,3,4$, seien
Abbildungen $h : M_1 \to M_2$, $g : M_2 \to M_3$, $f : M_3 \to M_4$ gegeben. Dann
gilt bei Hintereinanderausführung die Beziehung $f \circ (g \circ h) = (f \circ g) \circ h$;
denn für alle $x \in M_1$ ist $f \circ (g \circ h)(x) = f(g \circ h(x)) = f(g(h(x)) =$
$f \circ g(h(x)) = (f \circ g)h(x)$.

Im Falle $M_i = M$, $i = 1,2,3,4$, haben wir damit das Assoziativgesetz für $(\underline{Abb}(M,M),\varphi_\circ)$ (s. Beispiel 1.3) gezeigt. Das Kommutativgesetz ist i.allg. nicht erfüllt, wie ein einfaches Beispiel zeigt:
Es sei $M = \{1,2,3\}$; f und g aus $\underline{Abb}(M,M)$ seien definiert durch
$f(1) = 1$, $f(2) = 3$, $f(3) = 2$ und $g(1) = 3$, $g(2) = g(3) = 2$. Dann ist
$g \circ f(1) = 3$ und $f \circ g(1) = 2$ und daher $g \circ f \neq f \circ g$.

$(\underline{Abb}(M,M),\varphi_\circ)$ hat ein neutrales Element, nämlich die identische
Abbildung 1_M.

Wir betrachten nun die Teilmenge I derjenigen Elemente in $\underline{Abb}(M,M)$,
die bezüglich $\varphi_\circ$ ein inverses Element besitzen, ferner die Teilmenge
B der bijektiven Abbildungen von M in M und wollen zeigen, daß B = I
ist: Aus Abschnitt 1.3 wissen wir, daß es zu jeder bijektiven Abbildung $f : M \to M$ die inverse Abbildung $f^{-1} : M \to M$ gibt, die wieder
bijektiv ist und die Eigenschaft $f \circ f^{-1} = f^{-1} \circ f = 1_M$ hat. Daher gilt

$B \subset I$. Ist f eine Abbildung aus I, dann gibt es ein $g \in \underline{\text{Abb}}(M,M)$ mit $g \circ f = f \circ g = 1_M$. Aus der Beziehung $f \circ g = 1_M$ folgt die Surjektivität; denn für $y \in M$ ist $g(y)$ ein Element in M mit $f(g(y)) = y$. Aus $g \circ f = 1_M$ folgt die Injektivität von f; denn für je zwei Elemente x, $y \in M$ mit $x \neq y$ ist wegen $g(f(x)) \neq g(f(y))$ auch $f(x) \neq f(y)$. Mithin gilt $I \subset B$ und zusammen $I = B$.

Die Verknüpfung φ_o induziert eine innere Verknüpfung φ_o^B auf B (s. Beispiel 1.6). Nach den vorangehenden Ausführungen können wir über (B, φ_o^B) folgendes sagen: Es gilt das Assoziativgesetz. Da $1_M \in B$ ist, gibt es ein neutrales Element, und jedes Element in B besitzt ein inverses.

Wir wollen nun noch ein Beispiel einer 'nichtassoziativen Verknüpfung' anführen. Dazu betrachten wir auf der Potenzmenge $\mathfrak{P}(\underline{R})$ diejenige Verknüpfung, die je zwei Teilmengen von $\underline{R}$ ihre Differenz zuordnet (Beispiel 1.2). Für die Teilmengen $A = \{x \mid 0 \leqslant x \leqslant 2\}$, $B = \{x \mid 1 \leqslant x \leqslant 2\}$ und $C = \{x \mid 0 \leqslant x \leqslant 3\}$ ist $(A \backslash B) \backslash C = \emptyset$ und $A \backslash (B \backslash C) = A$, also $(A \backslash B) \backslash C \neq A \backslash (B \backslash C)$.

Uns interessieren im folgenden hauptsächlich Paare (X, φ_T), für die das Assoziativgesetz erfüllt ist, die außerdem ein neutrales Element besitzen und bei denen jedes Element der Menge ein inverses hat. Derartige Paare werden G r u p p e n genannt. Ihre Eigenschaften liegen bereits durch schwächere Forderungen fest. Wir definieren:

> $\underline{\text{Definition 2.1}}$: (G, φ_T) heißt G r u p p e, wenn G eine nichtleere Menge ist, φ_T eine innere Verknüpfung auf G ist und für (G, φ_T) folgende Bedingungen erfüllt sind:
>
> (1) Es gilt das Assoziativgesetz.
> (2) Es gibt ein linksneutrales Element, d.h. ein $e \in G$ mit
> $e \top a = a$ für alle $a \in G$.
>
>   Zu jedem $a \in G$ gibt es ein linksinverses Element, d.h.
>   ein $a' \in G$ mit $a' \top a = e$.
>
> (G, φ_T) heißt eine a b e l s c h e oder k o m m u t a t i v e G r u p p e, wenn außerdem das Kommutativgesetz erfüllt ist.

<u>Lemma 2.1:</u> (G, φ_τ) sei eine Gruppe. Dann besitzt (G, φ_τ) genau ein neutrales Element, und zu jedem $a \in G$ gibt es genau ein inverses Element.

<u>Beweis</u>: Wir zeigen zunächst, daß für ein zu $a \in G$ linksinverses Element a' auch $a \tau a' = e$ gilt, wobei $e \in G$ linksneutral ist. Nach (2) gibt es ein $x \in G$ mit $x \tau a' = e$. Zusammen mit dem Assoziativgesetz und der Beziehung $a' \tau a = e$ ergibt sich daraus die Behauptung durch $a \tau a' = e \tau (a \tau a') = (x \tau a') \tau (a \tau a') = x \tau (a' \tau (a \tau a')) = x \tau ((a' \tau a) \tau a') = x \tau (e \tau a') = x \tau a' = e$.

Nun zeigen wir, daß für ein beliebiges $a \in G$ auch $a \tau e = a$ ist. Dabei nutzen wir das eben Bewiesene aus. Es sei $a' \in G$ mit $a' \tau a = e$. Dann ist $a \tau e = a \tau (a' \tau a) = (a \tau a') \tau a = e \tau a = a$.

(G, φ_τ) besitzt also ein neutrales Element, und jedes Element aus G hat ein inverses. Die Eindeutigkeit dieser Elemente hatten wir bereits in einer früheren Bemerkung gezeigt.

Wie aus dem Beweis hervorgeht, ist also das im Axiomensystem geforderte linksneutrale Element neutral und das zu jedem $a \in G$ geforderte linksinverse Element auch invers zu a.

Zu jedem $a \in G$ sei mit a' das zu a inverse Element bezeichnet. Es gilt

$$(a')' = a \qquad \text{und} \qquad (a \tau b)' = b' \tau a'$$

für alle $a, b \in G$.

Das zu a' inverse Element in G ist offenbar a; das aber besagt die erste Beziehung. Die zweite Behauptung ergibt sich aus $(b' \tau a') \tau (a \tau b) = ((b' \tau a') \tau a) \tau b = (b' \tau (a' \tau a)) \tau b = (b' \tau e) \tau b = b' \tau b = e$, wobei e das neutrale Element ist.

Ein für Gruppen äquivalentes Axiomensystem erhält man, wenn unter (2) gleichzeitig "linksneutral" durch "rechtsneutral" ($a \tau e = a$) und "linksinvers" durch "rechtsinvers" ($a \tau a' = e$) ersetzt wird.

<u>Beispiel 2.3</u>: Über die Zahlenmengen können wir nach unseren Betrachtungen unter Beispiel 2.1 folgendes aussagen:

Die Paare, gebildet aus $\underline{Z}$, $\underline{Q}$, $\underline{R}$ oder $\underline{C}$ und ihren additiven Verknüpfungen, sind abelsche Gruppen, ebenso diejenigen, die aus $\underline{Q}\backslash\{0\}$, $\underline{R}\backslash\{0\}$ oder $\underline{C}\backslash\{0\}$ und den Verknüpfungen bestehen, die von den multiplikativen Verknüpfungen auf $\underline{Q}$, $\underline{R}$ oder $\underline{C}$ induziert werden.

<u>Beispiel 2.4</u>: B sei die Menge der bijektiven Abbildungen der nichtleeren Menge M auf sich. Nach Beispiel 2.2 ist (B,φ_0^B) eine Gruppe, die i.allg. nicht abelsch ist.

<u>Beispiel 2.5</u>: Später benötigen wir die Konstruktion einer Gruppe aus einer gegebenen, wie wir sie jetzt beschreiben wollen.

X und Y seien nichtleere Mengen, φ_T sei eine innere Verknüpfung auf Y. Durch φ_T wird auf der Menge der Abbildungen $\underline{Abb}(X,Y)$ eine innere Verknüpfung $\hat{\varphi}_T$ auf folgende Weise erklärt: Für je zwei Abbildungen f, g $\in \underline{Abb}(X,Y)$ sei $\hat{\varphi}_T(f,g) = f \top g$ diejenige Abbildung von X in Y, für die $(f \top g)(x) = f(x) \top g(x)$ für alle $x \in X$ ist.

Ist nun (Y,φ_T) eine Gruppe, so auch $(\underline{Abb}(X,Y),\hat{\varphi}_T)$: (1) ist erfüllt, weil (1) für (Y,φ_T) gilt. Ist e das neutrale Element von (Y,φ_T), so ist die konstante Abbildung, die jedes $x \in X$ auf e abbildet, das neutrale Element von $(\underline{Abb}(X,Y),\hat{\varphi}_T)$. Zu jedem $y \in Y$ sei mit y' das zu y inverse Element bezeichnet. Für $f \in \underline{Abb}(X,Y)$ ist die Abbildung f' von X in Y, definiert durch $f'(x) = (f(x))'$, invers zu f.

Ist (Y,φ_T) abelsch, so auch $(\underline{Abb}(X,Y),\hat{\varphi}_T)$.

Wir behandeln nun Mengen zusammen mit zwei inneren Verknüpfungen. Dabei sind uns für die Formulierung von Axiomen diejenigen Gesetze Vorbild, die bezüglich der Zahlenmengen mit ihren additiven und multiplikativen Verknüpfungen gelten. Die meisten davon haben wir schon kennengelernt, aber bisher keine Regel genannt, die beide Verknüpfungen in Beziehung zueinander setzt. Dies leistet nun das sog. D i s t r i b u t i v g e s e t z : Für je drei Elemente a, b, c aus $\underline{Z}$ ($\underline{Q}$, $\underline{R}$ oder $\underline{C}$) ist $a \cdot (b + c) = a \cdot b + a \cdot c$. In den folgenden Definitionen verwenden

wir sogar wie bei den Zahlenmengen "+" und "$\cdot$" als Verknüpfungs-
zeichen und sprechen bei φ_+ und $\varphi_\cdot$ von additiver und multiplikativer
Verknüpfung.

> <u>Definition 2.2</u>: R sei eine nichtleere Menge, φ_+ und $\varphi_\cdot$ seien in-
> nere Verknüpfungen auf R. $(R,\varphi_+,\varphi_\cdot)$ heißt R i n g , wenn folgen-
> de Bedingungen erfüllt sind:
>
> (1) (R,φ_+) ist eine abelsche Gruppe.
> (2) Für $(R,\varphi_\cdot)$ gilt das Assoziativgesetz.
> (3) Für $(R,\varphi_+,\varphi_\cdot)$ gilt das Distributivgesetz, d.h. für je drei
>   Elemente a, b, c aus R ist $a \cdot (b + c) = a \cdot b + a \cdot c$ und
> $(b + c) \cdot a = b \cdot a + c \cdot a$.
>
> Ist für $(R,\varphi_\cdot)$ außerdem das Kommutativgesetz erfüllt, so spricht
> man von einem k o m m u t a t i v e n R i n g .

Man gleicht nun die Schreibweisen und Symbole der bei Zahlenmengen
gebräuchlichen an: Das neutrale Element der abelschen Gruppe (R,φ_+)
bezeichnen wir mit 0 und nennen es das N u l l e l e m e n t oder die
N u l l des Ringes. Das zu jedem $a \in R$ inverse Element bezüglich
φ_+ bezeichnen wir mit -a. Statt $a + (-b)$ schreiben wir auch $a - b$.
Besitzt $(R,\varphi_\cdot)$ ein neutrales Element, das von 0 verschieden ist,
so heißt $(R,\varphi_+,\varphi_\cdot)$ ein R i n g m i t E i n s e l e m e n t . Für das Einselement verwenden wir das Symbol 1. Statt $a \cdot b$ wollen wir auch ab
setzen.

> <u>Lemma 2.2</u>: $(R,\varphi_+,\varphi_\cdot)$ sei ein Ring. Dann gilt
>
> (a) $0a = a0 = 0$ für jedes $a \in R$,
> (b) $(-a)b = a(-b) = -(ab)$ für je zwei Elemente a, $b \in R$.

Beweis: (a) Es ist $0a = (0 + 0)a = 0a + 0a$ und daher
$0 = (0a + 0a) - 0a = 0a + (0a - 0a) = 0a$.

Entsprechend zeigt man $a0 = 0$.

(b) Wegen Aussage (a) ist $ab + (-a)b = (a - a)b = 0b = 0$ und
$ab + a(-b) = a(b - b) = a0 = 0$.

Daraus ergibt sich dann $(-a)b = a(-b) = -(ab)$.

Aus Behauptung (b) des Lemmas folgt für je zwei Elemente a, b des Ringes auch sofort die Beziehung $(-a)(-b) = ab$.

> **Definition 2.3:** $(K, \varphi_+, \varphi_.)$ heißt **K ö r p e r**, wenn $(K, \varphi_+, \varphi_.)$ ein kommutativer Ring mit Einselement ist und für $(K, \varphi_.)$ jedes vom Nullelement verschiedene Element aus K ein inverses hat.

Das zu $a \in K \setminus \{0\}$ bezüglich $\varphi_.$ inverse Element wird mit a^{-1} bezeichnet.

> **Lemma 2.3:** $(K, \varphi_+, \varphi_.)$ sei ein Körper. Dann induziert $\varphi_.$ auf $K^* = K \setminus \{0\}$ eine innere Verknüpfung $\varphi_.^{K^*}$ derart, daß $(K^*, \varphi_.^{K^*})$ eine abelsche Gruppe ist.

Beweis: K^* ist nicht leer; denn es enthält wenigstens das (von Null verschiedene) Einselement. Äquivalent zu der Aussage, daß $\varphi_.$ eine innere Verknüpfung auf K^* induziert, ist die, daß aus $ab = 0$ mit Elementen $a, b \in K$ die Beziehung $a = 0$ oder $b = 0$ folgt. Letztere wollen wir jetzt beweisen. Wir nehmen an, eines der Elemente - etwa a - sei von Null verschieden. Dann gibt es nach Voraussetzung bezüglich $\varphi_.$ ein zu a inverses Element a^{-1}, und wir erhalten wegen Lemma 2.2 (a) $0 = a^{-1}0 = a^{-1}(ab) = (a^{-1}a)b = 1b = b$. Die Gültigkeit der Gruppenaxiome und des Kommutativgesetzes für $(K^*, \varphi_.^{K^*})$ folgt unmittelbar aus den Körpereigenschaften bezüglich $\varphi_.$.

Beispiel 2.6: $\underline{Z}$ bildet zusammen mit additiver und multiplikativer Verknüpfung einen kommutativen Ring mit Einselement. $\underline{Q}$, $\underline{R}$ und $\underline{C}$ bilden mit ihren Verknüpfungen Körper. Man spricht kurz vom **R i n g d e r g a n z e n Z a h l e n** und vom **K ö r p e r d e r r a t i o n a l e n , r e - e l l e n o d e r k o m p l e x e n Z a h l e n**.

Wir weisen hier einmal auf die Bedeutung der Schreibweise von Ringen oder Körpern als geordnete Tripel hin: $(\underline{Z}, \varphi_+, \varphi_.)$ ist ein Ring, dagegen $(\underline{Z}, \varphi_., \varphi_+)$ nicht.

Beispiel 2.7: Dieses Beispiel zeigt die über den Zahlbereich hinausgehende Bedeutung des Ringbegriffes.

(X, φ_T) sei eine abelsche Gruppe. Dann hatten wir auf der Menge $\underline{Abb}(X, X)$ neben der Verknüpfung φ_0 (s. Beispiel 2.2) als weitere

$\hat{\varphi}_\top$ erklärt, die mit Hilfe der Gruppenverknüpfung $\varphi_\top$ definiert worden war (s. Beispiel 2.5). Wir hatten festgestellt, daß $(\underline{Abb}(X,X),\hat{\varphi}_\top)$ eine abelsche Gruppe ist und daß für $(\underline{Abb}(X,X),\varphi_0)$ das Assoziativgesetz gilt. Das beide Verknüpfungen in Beziehung setzende Distributivgesetz können wir aber nun nicht für ganz $\underline{Abb}(X,X)$ zeigen, sondern müssen uns auf gewisse Teilbereiche beschränken. Wir betrachten eine nichtleere Teilmenge H in $\underline{Abb}(X,X)$ mit den folgenden Eigenschaften:

(a) Für $f \in H$ ist $f(x \top y) = f(x) \top f(y)$ für alle x und y aus X.

(b) $\hat{\varphi}_\top$ und φ_0 induzieren innere Verknüpfungen $\hat{\varphi}_\top{}^H$ und $\varphi_0{}^H$ auf H.

(Abbildungen mit der Eigenschaft (a) werden auch (Gruppen-) Homomorphismen genannt; Die Identität 1_X ist beispielsweise ein solcher. Die Menge aller Homomorphismen von X in X erfüllt beide Bedingungen.) $(H,\hat{\varphi}_\top{}^H)$ ist offensichtlich eine abelsche Gruppe, und für $(H,\varphi_0{}^H)$ gilt das Assoziativgesetz. Um zu zeigen, daß $(H,\hat{\varphi}_\top{}^H,\varphi_0{}^H)$ ein Ring ist, muß noch das Distributivgesetz $f \circ (g \top h) = f \circ g \top f \circ h$, $(g \top h) \circ f = g \circ f \top h \circ f$ mit f, g und h aus H nachgewiesen werden.

Dabei wird entscheidend Eigenschaft (a) gebraucht: Für jedes $x \in X$ ist $f \circ (g \top h)(x) = f((g \top h)(x)) = f(g(x) \top h(x)) = f(g(x)) \top f(h(x)) = f \circ g(x) \top f \circ h(x)$. Demnach gilt $f \circ (g \top h) = f \circ g \top f \circ h$. Entsprechend - jedoch ohne (a) - zeigt man die zweite Gleichung.

$(H,\hat{\varphi}_\top{}^H,\varphi_0{}^H)$ ist also ein Ring. Er ist i.allg. nicht kommutativ und besitzt für den Fall, daß X aus wenigstens zwei Elementen besteht und $1_X \in H$ gilt, ein Einselement.

Es ist üblich, statt $(G,\varphi_\top)$, $(R,\varphi_+,\varphi_.)$ und $(K,\varphi_+,\varphi_.)$ für Gruppen, Ringe und Körper auch einfach G, R und K zu schreiben. Dem Zusammenhang ist dann zu entnehmen, ob jeweils die Gruppe, der Ring, der Körper oder nur die Menge G, R, K gemeint ist. (Beispiel: Die Aussage "x ist Element von G" ist rein mengentheoretischer Natur, während sich etwa die Aussage "e ist neutrales Element von G" auf die Gruppe bezieht.)

Sind auf einer nichtleeren Menge X Verknüpfungen gegeben, für die Gruppen-, Ring- oder Körperaxiome nachgewiesen werden können, so sagen wir auch, die mit den Verknüpfungen $\varphi_\top$ oder φ_+, $\varphi_.$ versehene Menge X bilde eine Gruppe, einen Ring oder einen Körper, oder wir sprechen davon, daß auf X eine Gruppen-, Ring- oder Körperstruktur erklärt sei.

X und U seien Gruppen (bzw. Ringe, Körper). U heißt U n t e r - g r u p p e (bzw. U n t e r r i n g , U n t e r k ö r p e r) von X, wenn $U \subset X$ ist und die Verknüpfung(en) auf U durch die auf X induziert wird (werden).

Aufgaben: 1. G sei eine nichtleere Menge und $\varphi_\top$ eine innere Verknüpfung auf G. Man zeige:

$(G,\varphi_\top)$ ist genau dann eine Gruppe, wenn das Assoziativgesetz gilt und zu je zwei Elementen a, b aus G Elemente x, y aus G mit

$$a \top x = y \top a = b$$

existieren.

2. Man beweise: Addition und Multiplikation des Körpers $\underline{R}$ der reellen Zahlen induzieren auf der Menge $\{q + r\sqrt{2} \mid q,r \in \underline{Q}\}$ innere Verknüpfungen, mit denen diese einen Unterkörper $\underline{Q}(\sqrt{2})$ von $\underline{R}$ bildet.

3. p sei eine Primzahl. Wir setzen $[n]_p = \{n + pz \mid z \in \underline{Z}\}$ und bilden $\mathfrak{G}_p = \{[n]_p \mid n \in \underline{Z}\}$. Es gibt dann eindeutig bestimmte innere Verknüpfungen $\varphi_+, \varphi_.$ auf $\mathfrak{G}_p$ mit

$$\varphi_+([m]_p,[n]_p) = [m]_p + [n]_p = [m + n]_p,$$
$$\varphi_.([m]_p,[n]_p) = [m]_p \cdot [n]_p = [m \cdot n]_p \qquad (m,n \in \underline{Z}).$$

Man zeige: $(\mathfrak{G}_p,\varphi_+,\varphi_.)$ ist ein Körper mit p Elementen. Ist ferner $\mathfrak{G}_p$ Unterkörper eines Körpers K, so gilt für jedes $x \in K$:

$$px = \overbrace{x + \ldots + x}^{p\text{-mal}} = 0.$$

$\mathfrak{G}_p$ heißt P r i m k ö r p e r   d e r   C h a r a k t e r i s t i k p.

2.2. Definition des Vektorraumes

Für nichtleere Mengen Ω und X nannten wir $\alpha : \Omega \times X \to X$ eine äußere Verknüpfung auf X mit Operatorenbereich Ω. Mit $a \in \Omega$ und $x \in X$ wollen wir statt $\alpha(a,x)$ in Zukunft ax schreiben.

Die bisher behandelten inneren Verknüpfungen bringen wir nun in Verbindung zu einer äußeren.

Definition 2.4: $(V, \varphi_+, K, \alpha)$ heißt K - V e k t o r r a u m oder l i n e arer R a u m über K, wenn gilt:

(V, φ_+) ist eine abelsche Gruppe, K ein Körper und α eine äußere Verknüpfung mit Operatorenbereich K auf V, so daß für alle a, b aus K und alle $\underline{x}, \underline{y}$ aus V folgende Bedingungen erfüllt sind:

$$a(\underline{x} + \underline{y}) = a\underline{x} + a\underline{y},$$
$$(a + b)\underline{x} = a\underline{x} + b\underline{x},$$
$$(ab)\underline{x} = a(b\underline{x}),$$
$$1\underline{x} = \underline{x}.$$

Die Elemente von V werden auch V e k t o r e n , die des Operatorenbereiches K S k a l a r e genannt. Bei der Gruppenverknüpfung φ_+ spricht man häufig von V e k t o r a d d i t i o n , bei der äußeren Verknüpfung α von S k a l a r m u l t i p l i k a t i o n . Das neutrale Element von (V, φ_+) heißt der N u l l v e k t o r . Er wird mit $\underline{0}$ bezeichnet und der zu $\underline{x} \in V$ inverse Vektor bezüglich φ_+ mit $-\underline{x}$. Für je zwei Elemente $\underline{x}, \underline{y}$ aus V schreiben wir statt $\underline{x} + (-\underline{y})$ auch $\underline{x} - \underline{y}$.

In Zukunft wird anstelle von $(V, \varphi_+, K, \alpha)$ meistens V stehen. Der Leser muß dann auch hier dem Zusammenhang entnehmen, ob gerade die Menge V oder der Vektorraum gemeint ist. Häufig sagen wir auch, die mit den Verknüpfungen φ_+ und α versehene Menge V bilde einen K-Vektorraum oder die Menge V sei mit einer V e k t o r r a u m - s t r u k t u r versehen.

Bevor wir Beispiele nennen, seien einige einfache Tatsachen erwähnt, die eine unmittelbare Folge der Definition eines Vektorraumes sind.

Lemma 2.4: V sei ein K-Vektorraum. Dann gilt für alle $a \in K$ und alle $\underline{x} \in V$

(a) $0\underline{x} = \underline{0}$ und $a\underline{0} = \underline{0}$,

(b) $(-a)\underline{x} = a(-\underline{x}) = -(a\underline{x})$,

(c) aus $a\underline{x} = 0$ folgt $a = 0$ oder $\underline{x} = \underline{0}$.

Beweis: (a) Es ist

$0\underline{x} = (0 + 0)\underline{x} = 0\underline{x} + 0\underline{x}$ und daher $0\underline{x} = \underline{0}$.

Es ist

$a\underline{0} = a(\underline{0} + \underline{0}) = a\underline{0} + a\underline{0}$ und daher $a\underline{0} = \underline{0}$.

(b) Nach (a) ist

$a\underline{x} + (-a)\underline{x} = (a - a)\underline{x} = 0\underline{x} = \underline{0}$ und

$a\underline{x} + a(-\underline{x}) = a(\underline{x} - \underline{x}) = a\underline{0} = \underline{0}$.

Daraus folgt die Behauptung.

(c) Es sei $a\underline{x} = \underline{0}$ und $a \neq 0$. Zu a gibt es ein $a^{-1} \in K$ mit $a^{-1}a = 1$. Also ist

$\underline{0} = a^{-1}(a\underline{x}) = (a^{-1}a)\underline{x} = 1\underline{x} = \underline{x}$.

Daraus ergibt sich (c).

Die Aussage (c) gestattet noch eine Folgerung: Es sei $\underline{x}$ nicht der Nullvektor. Dann ergibt sich aus $a\underline{x} = b\underline{x}$ die Gleichheit $a = b$; denn aus $\underline{0} = a\underline{x} - b\underline{x} = (a - b)\underline{x}$ folgt wegen $\underline{x} \neq \underline{0}$ die Beziehung $a - b = 0$, also $a = b$. Entsprechend zeigt man, daß $a\underline{x} = a\underline{y}$ die Gleichheit $\underline{x} = \underline{y}$ impliziert, falls $a \neq 0$ ist.

Beispiel 2.8: $(R, \varphi_+, \varphi_\cdot)$ sei ein kommutativer Ring, und der Unterring $(K, \varphi_+^K, \varphi_\cdot^K)$ sei ein Körper. Mit der Einschränkung $\hat{\varphi}_\cdot = \varphi_\cdot | K \times R$ als Skalarmultiplikation und φ_+ als Vektoraddition ist dann $(R, \varphi_+, K, \hat{\varphi}_\cdot)$ ein K-Vektorraum.

Beispiel 2.9: X sei eine nichtleere Menge, V ein K-Vektorraum. Auf der Menge der Abbildungen von X in V erklären wir eine innere und bezüglich K eine äußere Verknüpfung auf folgende Weise: Für f, g $\underline{\text{Abb}}(X, V)$ sei $f + g$ definiert durch $(f + g)(x) = f(x) + g(x)$, und für $a \in K$ und $f \in \underline{\text{Abb}}(X, V)$ sei af durch $(af)(x) = af(x)$ für alle $x \in X$ definiert.

$\underline{Abb}(X,V)$ bildet versehen mit diesen beiden Verknüpfungen einen K-Vektorraum; denn aus Beispiel 2.5 wissen wir, daß $\underline{Abb}(X,V)$ mit der inneren Verknüpfung eine abelsche Gruppe bildet. Es bleiben noch die Bedingungen der Definition 2.4 nachzuweisen. Wir zeigen beispielsweise die Beziehung $a(f + g) = af + ag$ mit $a \in K$ und $f,g \in \underline{Abb}(X,V)$: Für alle $x \in X$ ist $(a(f + g))(x) = a(f + g)(x) = a(f(x) + g(x)) = af(x) + ag(x) = (af + ag)(x)$.

Daraus ergibt sich die Behauptung.

Das neutrale Element in $\underline{Abb}(X,V)$ bezüglich der Vektoraddition ist gerade diejenige Abbildung, die ganz X auf $\{\underline{0}\}$ abbildet; wir wollen sie die N u l l a b b i l d u n g nennen.

$\underline{\text{Beispiel 2.10:}}$ K sei ein Körper. Die Elemente des n-fachen kartesischen Produktes K^n schreiben wir in Zukunft als Spalten $\begin{pmatrix} a_1 \\ \vdots \\ a_n \end{pmatrix}$ $(a_i \in K)$, wie allgemein üblich, und bezeichnen sie mit kleinen deutschen Buchstaben, also z.B. $\mathfrak{a} = \begin{pmatrix} a_1 \\ \vdots \\ a_n \end{pmatrix}$.

Wir definieren auf K^n eine innere und eine äußere Verknüpfung, indem wir die additive und multiplikative Verknüpfung von K auf die Komponenten a_i der Spalten anwenden:

Für $\begin{pmatrix} a_1 \\ \vdots \\ a_n \end{pmatrix}$, $\begin{pmatrix} b_1 \\ \vdots \\ b_n \end{pmatrix}$ aus K^n und a aus K sei

$$\begin{pmatrix} a_1 \\ \vdots \\ a_n \end{pmatrix} + \begin{pmatrix} b_1 \\ \vdots \\ b_n \end{pmatrix} = \begin{pmatrix} a_1 + b_1 \\ \vdots \\ a_n + b_n \end{pmatrix} \quad \text{und} \quad a\begin{pmatrix} a_1 \\ \vdots \\ a_n \end{pmatrix} = \begin{pmatrix} aa_1 \\ \vdots \\ aa_n \end{pmatrix}.$$

Man zeigt sofort, daß K^n mit diesen beiden Verknüpfungen einen K-Vektorraum bildet.

Der Nullvektor (den wir stets mit $\mathfrak{o}$ bzeichnen werden) ist $\begin{pmatrix} 0 \\ \vdots \\ 0 \end{pmatrix}$, und $-\begin{pmatrix} a_1 \\ \vdots \\ a_n \end{pmatrix}$ ist $\begin{pmatrix} -a_1 \\ \vdots \\ -a_n \end{pmatrix}$.

K^n, versehen mit dieser Vektorraumstruktur, heißt der n - d i m e n s i o n a l e   a r i t h m e t i s c h e   K - V e k t o r r a u m .

Die Theorie der Vektorräume findet in den verschiedensten Gebieten der Mathematik Anwendung. Diese Theorie zeichnet sich durch besondere Durchsichtigkeit und Geschlossenheit aus. Probleme, die sich mit ihrer Hilfe darstellen lassen, gewinnen an Übersichtlichkeit und Klarheit. Wir werden das beispielsweise bei der Behandlung linearer Gleichungssysteme erfahren.

__Aufgabe:__ L sei ein Körper, K ein Unterkörper von L und $(V, \varphi_+, L, \alpha)$ ein Vektorraum. Es ist zu zeigen, daß auch $(V, \varphi_+, K, \alpha')$ mit $\alpha' = \alpha | K \times V$ ein Vektorraum ist.

2.3. Unterräume

> __Definition 2.5:__ U und V seien K-Vektorräume. U heißt __Unter-raum__ von V, wenn U Teilmenge von V ist und die Verknüpfungen von U durch die von V induziert werden.

U sei eine Teilmenge von V. Kann auf U eine Vektorraumstruktur so erklärt werden, daß U damit Unterraum von V ist, so sagen wir auch, die __Teilmenge U bilde einen Unterraum__ von V.

Für jeden Vektorraum V bilden beispielsweise V und $\{\underline{0}\}$ Unterräume.

> __Satz 2.1:__ V sei ein K-Vektorraum, U eine Teilmenge von V. U bildet genau dann einen Unterraum von V, wenn gilt:
>
> (a) $U \neq \emptyset$,
> (b) für $\underline{u}, \underline{v} \in U$ ist $\underline{u} + \underline{v} \in U$,
>   für $a \in K$ und $\underline{u} \in U$ ist $a\underline{u} \in U$.

__Beweis:__ Vektoraddition und Skalarmultiplikation auf V seien mit φ_+ und α bezeichnet. Bedingung (b) ist gleichwertig mit der Aussage, daß φ_+ eine innere und α eine äußere Verknüpfung auf U induziert. Bildet nun U einen Unterraum von V, so erfüllt U nach Definition bestimmt (a) und (b).

Wir setzen umgekehrt die Bedingungen (a), (b) für U voraus. Dann werden auf der nichtleeren Menge U innere und äußere Verknüpfungen

$\varphi_+{}^U$ und α^U induziert, und wir haben zu zeigen, daß U mit diesen einen K-Vektorraum bildet. Die Eigenschaften eines Vektorraums, die mit dem Skalarprodukt in Verbindung stehen, sind sicherlich erfüllt, da sie ja für φ_+ und α gelten. Dasselbe kann über das Assoziativ- und Kommutativgesetz für $\varphi_+{}^U$ gesagt werden. Da für $\underline{u} \in U$ auch $0\underline{u} = \underline{0} \in U$ und $(-1)\underline{u} = -\underline{u} \in U$ gilt, folgt sofort, daß $(U, \varphi_+{}^U)$ eine abelsche Gruppe ist. Daher bildet U einen Unterraum von V.

Die Eigenschaft (b) in Satz 2.1 kann auch folgendermaßen ausgedrückt werden:

(b') Für $\underline{u}$, $\underline{v} \in U$ und a, b $\in$ K ist $a\underline{u} + b\underline{v} \in U$.

M und N seien nichtleere Teilmengen des K-Vektorraumes V. M + N und KM sollen folgende Teilmengen von V bedeuten:

$$M + N = \{\underline{x} + \underline{y} \mid \underline{x} \in M, \underline{y} \in N\} \quad \text{und}$$
$$KM = \{a\underline{x} \mid a \in K, \underline{x} \in M\}.$$

In dieser K o m p l e x s c h r e i b w e i s e wird die Bedingung (b) des Satzes 2.1 auch häufig so formuliert:

(b'') $U + U \subset U$ und $KU \subset U$.

<u>Aufgaben:</u> 1. V sei ein K-Vektorraum, X und Y seien Teilmengen von V. Man untersuche, ob mit X und Y auch immer die Teilmengen

$$X \cap Y, \ X \cup Y, \ X + Y \quad \text{und} \quad KX$$

Unterräume von V bilden.

2. V sei ein K-Vektorraum und U ein Unterraum von V. Wir setzen für $\underline{v} \in V$

$$[\underline{v}] = \underline{v} + U = \{\underline{v} + \underline{u} \mid \underline{u} \in U\}.$$

Man zeige: Die Menge $Q = \{[\underline{v}] \mid \underline{v} \in V\}$ bildet einen K-Vektorraum mit den durch

$$[\underline{v}] + [\underline{v}'] = [\underline{v} + \underline{v}'],$$
$$c[\underline{v}] = [c\,\underline{v}]$$

$(c \in K, \underline{v}, \underline{v}' \in V)$ erklärbaren Verknüpfungen als Vektoraddition und Skalarmultiplikation. (Man bezeichnet diesen i.allg. mit V/U.)

2.4. Lineare Abbildungen

V und W seien K-Vektorräume. Für die Theorie der Vektorräume sind sicherlich diejenigen Abbildungen von V in W von besonderer Bedeutung, die Verknüpfungen von Urbildelementen in entsprechende Verknüpfungen der Bildelemente übertragen, also etwa die Summe zweier Vektoren in V auf die Summe der Bildvektoren in W abbilden. Demgemäß definieren wir:

> Definition 2.6: V und W seien K-Vektorräume. Eine Abbildung f von V in W heißt lineare Abbildung oder Vektorraum-homomorphismus, wenn gilt:
>
> (1) Für je zwei Vektoren $\underline{x}$, $\underline{y} \in V$ ist
> $$f(\underline{x} + \underline{y}) = f(\underline{x}) + f(\underline{y}).$$
> (2) Für jeden Skalar $a \in K$ und jeden Vektor
> $\underline{x} \in V$ ist $f(a\underline{x}) = af(\underline{x})$.

Die Bedingungen (1) und (2) der Definition können offenbar zusammengefaßt werden zu $f(a\underline{x} + b\underline{y}) = af(\underline{x}) + bf(\underline{y})$ für je zwei $a, b \in K$ und $\underline{x}, \underline{y} \in V$.

M und N seien nichtleere Teilmengen von V. Aus der Linearität von f ergeben sich sofort die Beziehungen $f[M + N] = f[M] + f[N]$ und $f[KM] = Kf[M]$ in der im letzten Abschnitt eingeführten Komplexschreibweise.

Beispiel 2.11: V und W seien K-Vektorräume. Die Abbildung $o : V \to W$, die jeden Vektor aus V auf den Nullvektor von W abbildet, ist linear; denn für $a, b \in K$ und $\underline{x}, \underline{y} \in V$ ist $o(a\underline{x} + b\underline{y}) = \underline{0} = a\underline{0} + b\underline{0} = ao(\underline{x}) + bo(\underline{y})$.

Beispiel 2.12: U sei Unterraum des K-Vektorraumes V. Die Inklusion $i_U : U \to V$ ist eine lineare Abbildung; denn für $a, b \in K$ und $\underline{u}, \underline{v} \in U$ ist $i_U(a\underline{u} + b\underline{v}) = a\underline{u} + b\underline{v} = ai_U(\underline{u}) + bi_U(\underline{v})$.

Speziell folgt, daß auch die Identität 1_V linear ist.

Nach Beispiel 2.8 können wir einen Körper K als Vektorraum über sich selbst auffassen. Für einen K-Vektorraum V heißen die linearen Abbildungen von V in K auch **Linearformen auf** V.

Beispiele für Linearformen sind etwa die Abbildungen $p_j : K^n \to K$, gegeben durch

$$p_j \begin{pmatrix} a_1 \\ \vdots \\ a_j \\ \vdots \\ a_n \end{pmatrix} = a_j \qquad (a_i \in K,\ 1 \leqslant j \leqslant n).$$

Zur besseren Unterscheidung der Nullvektoren in verschiedenen Räumen, wollen wir gelegentlich den Nullvektor eines K-Vektorraumes V mit $\underline{0}_V$ bezeichnen.

Wir studieren nun einige typische Eigenschaften linearer Abbildungen.

<u>Lemma 2.5:</u> V und W seien K-Vektorräume, f sei eine lineare Abbildung von V in W. Es gilt:

(a) Das Bild des Nullvektors $\underline{0}_V$ in V unter f ist der Nullvektor $\underline{0}_W$ in W, also $f(\underline{0}_V) = \underline{0}_W$.

(b) Für jeden Vektor $\underline{x} \in V$ ist $f(-\underline{x}) = -f(\underline{x})$.

<u>Beweis:</u> (a) Es ist $f(\underline{0}_V) = f(\underline{0}_V + \underline{0}_V) = f(\underline{0}_V) + f(\underline{0}_V)$ und daher $f(\underline{0}_V) = \underline{0}_W$.

(b) Für jedes $\underline{x} \in V$ ist $f(-\underline{x}) = f((-1)\underline{x}) = (-1)f(\underline{x}) = -f(\underline{x})$.

Der folgende Satz beantwortet die Frage, inwieweit Unterraumeigenschaften durch lineares Abbilden erhalten bleiben.

<u>Satz 2.2:</u> V und W seien K-Vektorräume, f sei eine lineare Abbildung von V in W. Ist U Unterraum von V, so bildet $f[U]$ einen Unterraum von W, und ist Q Unterraum von W, so bildet $f^{-1}[Q]$ einen solchen von V.

<u>Beweis:</u> Wir wenden Satz 2.1 an und zeigen zunächst, daß $f[U] = \{\underline{w} \mid \underline{w} = f(\underline{u}),\ \underline{u} \in U\}$ unter den gegebenen Voraussetzungen einen

Unterraum von W bildet. Da U als Unterraum von V den Nullvektor $\underline{0}_V$ enthält, ist nach Lemma 2.5 $\underline{0}_W \in f[U]$; $f[U]$ ist also nicht leer. Nun seien $\underline{w}, \underline{p}$ beliebige Vektoren aus $f[U]$ und a, b beliebige Skalare aus K. Es gibt dann Vektoren $\underline{u}, \underline{v} \in U$ mit $f(\underline{u}) = \underline{w}$ und $f(\underline{v}) = \underline{p}$. Da U Unterraum ist, gilt $a\underline{u} + b\underline{v} \in U$ und damit $f(a\underline{u} + b\underline{v}) \in f[U]$. Wegen der Linearität von f ist ferner $f(a\underline{u} + b\underline{v}) = a\underline{w} + b\underline{p}$. Mithin ist $a\underline{w} + b\underline{p}$ ein Vektor in $f[U]$, und die Unterraumeigenschaften sind für $f[U]$ gezeigt.

Die Teilmenge $f^{-1}[Q] = \{\underline{x} \mid f(\underline{x}) \in Q\}$ von V enthält den Nullvektor $\underline{0}_V$, da $\underline{0}_W$ Element des Unterraumes Q ist; also ist $f^{-1}[Q] \neq \emptyset$. Für Vektoren $\underline{x}, \underline{y} \in f^{-1}[Q]$ und Skalare a, b $\in$ K gehört $a\underline{x} + b\underline{y}$ zu $f^{-1}[Q]$, weil $f(a\underline{x} + b\underline{y}) = af(\underline{x}) + bf(\underline{y})$ zu Q gehört, wie sich aus der Linearität von f und den Unterraumeigenschaften von Q ergibt. Demnach bildet $f^{-1}[Q]$ einen Unterraum von V.

Wenden wir den eben bewiesenen Satz speziell auf die Unterräume U = V und Q = $\{\underline{0}_W\}$ an, so ergibt sich, daß das Bild $f[V]$ von V einen Unterraum in W und $f^{-1}\{\underline{0}_W\} = \{\underline{x} \mid \underline{x} \in V, f(\underline{x}) = \underline{0}_W\}$ einen solchen von V bildet. Letzterer wird auch K e r n v o n f genannt. Wir wollen diese zu der linearen Abbildung f gehörigen Räume kurz mit B i l d f und K e r n f bezeichnen.

Wir können die injektiven linearen Abbildungen jetzt folgendermaßen durch ihren Kern charakterisieren:

<u>Satz 2.3</u>: V und W seien K-Vektorräume. Eine lineare Abbildung f von V in W ist genau dann injektiv, wenn Kern f = $\{\underline{0}_V\}$ ist.

<u>Beweis</u>: Als Unterraum von V enthält Kern f den Nullvektor $\underline{0}_V$.

Wir nehmen an, f sei injektiv. Dann ist für jeden Vektor $\underline{x} \in V$ mit $\underline{x} \neq \underline{0}_V$ das Bild $f(\underline{x}) \neq \underline{0}_W$, d.h. $\underline{x} \notin$ Kern f. Somit gilt Kern f = $\{\underline{0}_V\}$.

Es sei nun Kern f = $\{\underline{0}_V\}$ vorausgesetzt. Für je zwei Vektoren $\underline{x}, \underline{y} \in V$ mit $\underline{x} \neq \underline{y}$ folgt $f(\underline{x}) - f(\underline{y}) = f(\underline{x} - \underline{y}) \neq \underline{0}_W$, also $f(\underline{x}) \neq f(\underline{y})$. Mithin ist f injektiv.

Eine bijektive (also injektive und surjektive) lineare Abbildung
$f : V \to W$ ist dadurch charakterisiert, daß Kern $f = \{\underline{0}_V\}$ und Bild f
$= W$ ist. Wir wollen nun zeigen, daß die zu f inverse Abbildung
$f^{-1} : W \to V$ ebenfalls linear ist. Die inverse Abbildung wurde in
Abschnitt 1.3 definiert.

Es seien $\underline{v}, \underline{w} \in W$ und $a, b \in K$. Die Vektoren $\underline{x}, \underline{y}$ seien dann so
gewählt, daß $f(\underline{x}) = \underline{v}$ und $f(\underline{y}) = \underline{w}$ gilt. Die Linearität von f^{-1} ergibt sich dann aus

$$f^{-1}(a\underline{v} + b\underline{w}) = f^{-1}(af(\underline{x}) + bf(\underline{y})) = f^{-1}(f(a\underline{x} + b\underline{y})) = f^{-1} \circ f(a\underline{x} + b\underline{y}) =$$
$$1_V(a\underline{x} + b\underline{y}) = a\underline{x} + b\underline{y} = af^{-1}(\underline{v}) + bf^{-1}(\underline{w}).$$

Die bijektiven linearen Abbildungen heißen (V e k t o r r a u m -) I s o -
m o r p h i s m e n . Zwei K-Vektorräume V und W nennt man i s o -
m o r p h , wenn es einen Isomorphismus zwischen V und W gibt.

Ist f ein Isomorphismus von V auf W, so überführt f alle in V
gültigen Aussagen, die nur von der Vektorraumstruktur abhängen,
sofort in entsprechende Aussagen für W. Wegen der Existenz eines
inversen Isomorphismus übertragen sich aber auch alle derartigen
Aussagen von W auf V. W ist damit als Vektorraum ein genaues
Abbild von V.

Isomorphe Vektorräume können also hinsichtlich ihrer Vektorraumstruktur als gleichwertig angesehen werden.

Einfachstes Beispiel für einen Isomorphismus ist offenbar die Identität $1_V : V \to V$.

Über das Verhalten linearer Abbildungen bei Hintereinanderausführung gibt der folgende Satz Auskunft.

> <u>Satz 2.4</u>: V, V' und V'' seien K-Vektorräume. Sind die Abbil-
> dungen $f : V \to V'$ und $g : V' \to V''$ linear, so ist auch $g \circ f : V \to V''$
> linear.

Beweis: Für $\underline{x}, \underline{y} \in V$ und $a, b \in K$ ist $g \circ f(a\underline{x} + b\underline{y}) = g(f(a\underline{x} + b\underline{y})) =$
$g(af(\underline{x}) + bf(\underline{y})) = ag(f(\underline{x})) + bg(f(\underline{y})) = a(g \circ f)(\underline{x}) + b(g \circ f)(\underline{y}).$
$g \circ f$ ist also linear.

<u>Aufgaben:</u> 1. Mit den Bezeichnungen von Aufgabe 2 in Abschnitt 2.3 beweise man: Durch den Unterraum U ist eine lineare Abbildung $n_U : V \to V/U$ mit

$$n_U(\underline{v}) = [\underline{v}] \qquad \text{für alle} \quad \underline{v} \in V$$

bestimmt, und es ist $U = \text{Kern } n_U$.

2. V und W seien K-Vektorräume, und $f : V \to W$ sei eine lineare Abbildung. Man zeige, daß durch f eine lineare Abbildung $n_f : V \to V/\text{Kern } f$ und ein Isomorphismus $j_f : V/\text{Kern } f \to \text{Bild } f$ mit

$$f(\underline{v}) = j_f \circ n_f(\underline{v}) \qquad \text{für alle} \quad \underline{v} \in V$$

bestimmt sind (s. Aufgabe 1).

2.5. Räume linearer Abbildungen

V und W seien K-Vektorräume. Wir wollen die Menge der linearen Abbildungen von V in W mit <u>Lin</u>(V,W) bezeichnen.

<u>Lin</u>(V,W) ist Teilmenge der Menge <u>Abb</u>(V,W) aller Abbildungen von V in W. In Beispiel 2.9 haben wir <u>Abb</u>(V,W) mit einer Vektorraumstruktur versehen. Wir zeigen nun, daß <u>Lin</u>(V,W) einen Unterraum des dort erklärten K-Vektorraumes bildet. Dazu benutzen wir das Kriterium in Satz 2.1:

Wir stellen zunächst fest, daß <u>Lin</u>(V,W) nicht leer ist, weil die Nullabbildung, die jeden Vektor aus V auf den Nullvektor von W abbildet, zu <u>Lin</u>(V,W) gehört. Wir haben nun zu zeigen, daß mit f und g auch die Abbildungen f + g und cf (für jedes $c \in K$) linear sind. Es seien $\underline{x}, \underline{y} \in V$ und a, b $\in$ K. Dann ist

$(f + g)(a\underline{x} + b\underline{y}) = f(a\underline{x} + b\underline{y}) + g(a\underline{x} + b\underline{y}) =$
$af(\underline{x}) + ag(\underline{x}) + bf(\underline{y}) + bg(\underline{y}) =$
$a(f + g)(\underline{x}) + b(f + g)(\underline{y})$ und

$(cf)(a\underline{x} + b\underline{y}) = cf(a\underline{x} + b\underline{y}) = acf(\underline{x}) + bcf(\underline{y}) = a(cf)(\underline{x}) + b(cf)(\underline{y})$.

Beim Beweis der Linearität von cf wurde entscheidend die Kommutativität bezüglich der multiplikativen Verknüpfung auf K gebraucht.

Wir formulieren das eben Bewiesene noch einmal in einem Satz:

> Satz 2.5: V und W seien K-Vektorräume. Sind f und g lineare
> Abbildungen von V in W, so auch f + g und cf mit c ∈ K, de-
> finiert durch $(f + g)(\underline{x}) = f(\underline{x}) + g(\underline{x})$ und $(cf)(\underline{x}) = cf(\underline{x})$ für je-
> des $\underline{x} \in V$. Damit werden auf $\underline{Lin}(V,W)$ eine innere und eine äu-
> ßere Verknüpfung derart erklärt, daß $\underline{Lin}(V,W)$ mit diesen Ver-
> knüpfungen einen K-Vektorraum bildet.

Wenn wir in Zukunft kurz von dem K-Vektorraum der linearen Abbildungen von V in W sprechen, so immer im Sinne dieses Satzes.

Sind die Räume V und W identisch, so können wir über $\underline{Lin}(V,V)$
weitere Aussagen machen.

Auf der Menge $\underline{Abb}(V,V)$ betrachten wir neben der additiven Verknüpfung, die jedem Paar (f,g) von Abbildungen aus $\underline{Abb}(V,V)$ die
Abbildung f + g zuordnet, noch die Verknüpfung φ_0, die durch
$\varphi_0(f,g) = f \circ g$ definiert ist. Nach Satz 2.5 und Satz 2.4 induzieren
beide auf $\underline{Lin}(V,V)$ innere Verknüpfungen. Damit erfüllt $\underline{Lin}(V,V)$
die Bedingungen (a) und (b) in Beispiel 2.7 und bildet daher mit
den induzierten Verknüpfungen einen Ring.

Die linearen Abbildungen des K-Vektorraums V in sich heißen auch
E n d o m o r p h i s m e n auf V, und $\underline{Lin}(V,V)$ wird zusammen mit den
eben betrachteten Verknüpfungen E n d o m o r p h i s m e n r i n g von
V genannt. Dieser Ring ist i.allg. nicht kommutativ. $\underline{Lin}(V,V)$ ent-
hält die Identität 1_V; daher besitzt der Endomorphismenring ein
E inselement, falls V nicht nur aus dem Nullvektor besteht.

Auf $\underline{Lin}(V,V)$ haben wir eine Vektorraum- und eine Ringstruktur
erklärt, wobei die Vektoraddition zugleich additive Verknüpfung des
Ringes ist. Skalarmultiplikation und multiplikative Verknüpfung des
Ringes, d.h. die durch Hintereinanderausführung der Abbildungen
definierte Verknüpfung, stehen in folgender Beziehung zueinander:

Für f, $g \in \underline{Lin}(V,V)$ und $c \in K$ ist $c(f \circ g) = (cf) \circ g = f \circ (cg)$; denn
für jedes $\underline{x} \in V$ gilt $(cf) \circ g(\underline{x}) = (cf)(g(\underline{x})) = cf(g(\underline{x}))$, $(c(f \circ g))(\underline{x}) =$
$c(f \circ g)(\underline{x}) = cf(g(\underline{x}))$, $f \circ (cg)(\underline{x}) = f(cg(\underline{x})) = cf(g(\underline{x}))$.

Bei diesem Beweis wurde die Linearität der Abbildungen wesentlich benutzt. Bezüglich der Verknüpfung auf $\underline{Abb}(V,V)$ kann keine entsprechende Aussage gemacht werden.

Treffen Vektorraum- und Ringstruktur so wie hier auf der Menge der Endomorphismen eines Vektorraumes zusammen, so spricht man von einer A l g e b r a s t r u k t u r . Wir definieren:

$\underline{\text{Definition 2.7}}$: $(A,\psi_+,\psi_.,K,\beta)$ heißt K-A l g e b r a , wenn gilt: (A,ψ_+,K,β) ist ein K-Vektorraum, $(A,\psi_+,\psi_.)$ ein Ring, und für $\underline{x}$, $\underline{y} \in A$ und $c \in K$ ist $c(\underline{x} \cdot \underline{y}) = (c\underline{x}) \cdot y = \underline{x} \cdot (c\underline{y})$.

Wir können nun den folgenden Satz aussprechen:

$\underline{\text{Satz 2.6}}$: V sei ein K-Vektorraum. Auf der Menge $\underline{Lin}(V,V)$ der Endomorphismen auf V sind durch $\psi_+(f,g) = f + g$, $\psi_0(f,g) = f \circ g$ und $\beta(c,f) = cf$ $(f,g \in \underline{Lin}(V,V), c \in K)$ Verknüpfungen derart erklärt, daß $(\underline{Lin}(V,V),\psi_+,\psi_0,K,\beta)$ eine K-Algebra ist.

Wir interessieren uns nun noch für die Isomorphismen - also die bijektiven linearen Abbildungen - eines K-Vektorraumes auf sich. Diese Abbildungen werden auch A u t o m o r p h i s m e n auf V genannt.

G sei die Teilmenge der Automorphismen in $\underline{Abb}(V,V)$. Da die Komposition $f \circ g$ zweier bijektiver linearer Abbildungen f und g von V in V wieder bijektiv und linear ist, induziert die innere Verknüpfung φ_0 auf $\underline{Abb}(V,V)$ eine innere Verknüpfung auf G. Wir stellen weiter fest, daß die Identität 1_V zu G gehört und mit f auch die inverse Abbildung f^{-1} ein Automorphismus auf V ist, wie wir einer früheren Betrachtung in Abschnitt 2.4 entnehmen können. Die Automorphismenmenge G besitzt also bezüglich der von φ_0 induzierten Verknüpfung ein neutrales Element, zu jedem ihrer Elemente gibt es ein inverses, und das Assoziativgesetz ist ebenfalls erfüllt. Mithin ist auf G eine Gruppenstruktur erklärt, und die dadurch definierte Gruppe heißt A u t o m o r p h i s m e n g r u p p e oder l i n e a r e G r u p p e von V.

Die Automorphismengruppe G ist Untergruppe der Gruppe der bijektiven Abbildungen B in $\underline{Abb}(V,V)$, die wir in den Beispielen 2.2

und 2.4 $(M = V)$ betrachtet haben; es ist offenbar $G = B \cap \underline{\mathrm{Lin}}(V,V)$.
Wir wissen aus Beispiel 2.2, daß B gerade die Menge der Elemente
in $\underline{\mathrm{Abb}}(V,V)$ ist, die bezüglich φ_0 ein inverses Element besitzen.
Es ist nun leicht zu sehen, daß G genau als diejenige Teilmenge des
Endomorphismenringes $\underline{\mathrm{Lin}}(V,V)$ charakterisiert werden kann, deren Elemente bezüglich der multiplikativen Verknüpfung - also der
durch φ_0 induzierten Verknüpfung - ein inverses haben.

Wir fassen die letzten Ergebnisse noch einmal zusammen:

> $\underline{\text{Satz 2.7}}$: V sei ein K-Vektorraum. Für je zwei Automorphismen
> f, g auf V ist f∘g wieder ein Automorphismus auf V. Die Menge
> der Automorphismen von V, versehen mit der dadurch erklärten
> inneren Verknüpfung, bildet eine (i.allg. nicht kommutative)
> Gruppe. Die Automorphismenmenge ist genau diejenige Teilmenge
> von $\underline{\mathrm{Lin}}(V,V)$, für deren Elemente f ein g in $\underline{\mathrm{Lin}}(V,V)$ mit
> $f \circ g = g \circ f = 1_V$ existiert.

$\underline{\text{Aufgabe}}$: L sei ein Körper, K ein Unterkörper von L. Nach Beispiel
2.8 kann L als K-Vektorraum aufgefaßt werden. Man weise nach,
daß für $a \in L \setminus \{0\}$ durch

$$\hat{a}(x) = a \cdot x \qquad\qquad (x \in L)$$

ein Automorphismus $\hat{a}$ des Vektorraumes L definiert ist.

2.6. Lineare Hülle

In den folgenden Abschnitten werden wir die innere Struktur von Vektorräumen genauer untersuchen.

V sei ein K-Vektorraum, M eine Teilmenge von V. Wir fragen nach
einer kleinsten Menge unter denjenigen Teilmengen U von V, die M
umfassen und einen Unterraum in V bilden.

Für $M = \emptyset$ hat offenbar der Unterraum $\{\underline{0}\}$, der nur den Nullvektor
enthält, die gewünschte Eigenschaft. Bevor wir die Frage allgemein
beantworten, führen wir noch einige neue Begriffe ein.

> **Definition 2.8:** V sei ein K-Vektorraum, und $\underline{x}_1,\dots,\underline{x}_n$ seien Elemente aus V. Der Vektor $\underline{y} \in V$ heißt **Linearkombination** der Vektoren $\underline{x}_1,\dots,\underline{x}_n$, wenn es Skalare $a_1,\dots,a_n$ in K gibt, so daß $\underline{y} = a_1\underline{x}_1 + \dots + a_n\underline{x}_n$ ist.

Für jede nichtleere Teilmenge M von V bezeichnen wir mit $\mathscr{L}M$ die Menge aller Linearkombinationen von Vektoren aus M, also

$$\mathscr{L}M = \{a_1\underline{x}_1 + \dots + a_n\underline{x}_n \mid a_i \in K,\ \underline{x}_i \in M;\ n \in \underline{N}\}.$$

Für die leere Menge setzen wir $\mathscr{L}\emptyset = \{\underline{0}\}$.

Ist $M = \{\underline{x}_1,\dots,\underline{x}_r\} \subset V$ eine endliche Menge, so kann jedes Element $\underline{y} \in \mathscr{L}M$ in der Form $\underline{y} = a_1\underline{x}_1 + \dots + a_r\underline{x}_r$ mit $a_i \in K$ geschrieben werden.

Nun können wir die eingangs gestellte Frage beantworten:

> **Satz 2.8:** V sei ein K-Vektorraum. Für jede Teilmenge M von V gilt:
>
> (a) $\mathscr{L}M$ bildet einen Unterraum von V mit $M \subset \mathscr{L}M$.
>
> (b) Für jeden Unterraum U von V mit $M \subset U$ ist $\mathscr{L}M \subset U$.

Beweis: Im Falle $M = \emptyset$ sind (a) und (b) erfüllt. Wir setzen nun für den Beweis $M \neq \emptyset$ voraus.

(a) Es gilt offenbar $M \subset \mathscr{L}M$ und $\mathscr{L}M \neq \emptyset$. Nun sei $\underline{u} \in \mathscr{L}M$. Das bedeutet, daß $\underline{u}$ Linearkombination von Vektoren $\underline{u}_1,\dots,\underline{u}_n$ aus M, also $\underline{u} = a_1\underline{u}_1 + \dots + a_n\underline{u}_n$ mit $a_i \in K$ ist. Für jedes $a \in K$ ist dann $a\underline{u} = (aa_1)\underline{u}_1 + \dots + (aa_n)\underline{u}_n$, mithin $a\underline{u} \in \mathscr{L}M$. Es sei $\underline{v}$ ein weiterer Vektor aus $\mathscr{L}M$. Er ist Linearkombination von Vektoren $\underline{v}_1,\dots,$ $\underline{v}_m \in M$. Daraus ergibt sich, daß $\underline{u} + \underline{v}$ Linearkombination der Vektoren $\underline{u}_1,\dots,\underline{u}_n,\ \underline{v}_1,\dots,\underline{v}_m$ aus M ist, also $\underline{u} + \underline{v}$ zu $\mathscr{L}M$ gehört.

Nach Satz 2.1 sind damit die Unterraumeigenschaften für $\mathscr{L}M$ nachgewiesen.

(b) Ist U ein Unterraum von V mit $M \subset U$, so enthält U auch alle Linearkombinationen von Elementen aus M. Folglich ist $\mathscr{L}M \subset U$.

Den Unterraum $\mathcal{L}M$ nennt man auch die l i n e a r e H ü l l e von M in V.

Wir erhalten noch eine nützliche Charakterisierung von Unterräumen, die eine unmittelbare Folge von Satz 2.8 ist:

Satz 2.9: V sei ein K-Vektorraum. Eine Teilmenge $U \subset V$ bildet genau dann einen Unterraum von V, wenn $\mathcal{L}U = U$ gilt.

Wir stellen in dem folgenden Satz noch einige grundlegende Eigenschaften der linearen Hülle zusammen.

Satz 2.10: (a) V sei ein K-Vektorraum, und M, N seien Teilmengen von V. Ist $M \subset N$, so ist $\mathcal{L}M \subset \mathcal{L}N$. Ferner gilt $\mathcal{L}\mathcal{L}M = \mathcal{L}M$.

(b) V und W seien K-Vektorräume, und f sei eine lineare Abbildung von V in W. Für $M \subset V$ ist $f[\mathcal{L}M] = \mathcal{L}f[M]$, und für $M' \subset W$ ist $\mathcal{L}f^{-1}[M'] \subset f^{-1}[\mathcal{L}M']$.

Beweis: (a) $\mathcal{L}M$ bildet einen Unterraum von V, also ist $\mathcal{L}\mathcal{L}M = \mathcal{L}M$. Aus $M \subset N$ folgt $M \subset \mathcal{L}N$ und daraus $\mathcal{L}M \subset \mathcal{L}N$.

(b) Für $M' \subset W$ bildet $\mathcal{L}M'$ einen Unterraum von W. Dann bildet nach Satz 2.2 das Urbild $f^{-1}[\mathcal{L}M']$ einen solchen von V. Da $f^{-1}[M'] \subset f^{-1}[\mathcal{L}M']$, so folgt $\mathcal{L}f^{-1}[M'] \subset f^{-1}[\mathcal{L}M']$.

Um die Gleichheit $f[\mathcal{L}M] = \mathcal{L}f[M]$ für $M \subset V$ zu beweisen, zeigen wir zuerst $\mathcal{L}f[M] \subset f[\mathcal{L}M]$, dann $f[\mathcal{L}M] \subset \mathcal{L}f[M]$.

Nach Satz 2.2 bildet $f[\mathcal{L}M]$ in W einen Unterraum. Da außerdem $f[M] \subset f[\mathcal{L}M]$ ist, so folgt $\mathcal{L}f[M] \subset f[\mathcal{L}M]$.

Wir setzen $f[M] = M'$. Es ist $M \subset f^{-1}[M']$ und daher nach vorher Bewiesenem $\mathcal{L}M \subset f^{-1}[\mathcal{L}M']$. Also gilt $f[\mathcal{L}M] \subset f[f^{-1}[\mathcal{L}M']] \subset \mathcal{L}M' = \mathcal{L}f[M]$. Damit ist (b) vollständig bewiesen.

Ohne Beweis sei noch die Beziehung $\mathcal{L}(M \cup N) = \mathcal{L}M + \mathcal{L}N$ für Teilmengen M und N von V erwähnt.

Beispiel 2.13: Im arithmetischen Vektorraum K^n betrachten wir die n Vektoren $e_k^{(n)} = \begin{pmatrix} \delta_{1k} \\ \vdots \\ \delta_{nk} \end{pmatrix}$ $(1 \leqslant k \leqslant n)$. Dabei bedeutet δ_{ik} das

Kroneckersymbol , für $i,k \in \{1,\ldots,n\}$ definiert durch

$\delta_{ik} = \begin{cases} 0 \text{ falls } i \neq k \\ 1 \text{ falls } i = k \end{cases}$. Die k-te Komponente von $e_k^{(n)}$ ist also 1,

während die übrigen Komponenten von $e_k^{(n)}$ Null sind.

Wir bestimmen die lineare Hülle der Menge $E_n = \left\{ e_1^{(n)}, \ldots, e_n^{(n)} \right\}$:

Für jeden Vektor $a = \begin{pmatrix} a_1 \\ \vdots \\ a_n \end{pmatrix}$ aus K^n ist offenbar

$a = a_1 e_1^{(n)} + \ldots + a_n e_n^{(n)}$. Also gilt $\mathscr{L}E_n = K^n$.

Für den K-Vektorraum V sei $E \subset V$. Man sagt, E e r z e u g e V
oder E sei E r z e u g e n d e n s y s t e m von V, wenn $\mathscr{L}E = V$ ist.

Es gibt stets eine V erzeugende Menge, nämlich V selbst. Der
arithmetische Vektorraum K^n hat das endliche Erzeugendensystem
E_n, wie wir in Beispiel 2.13 gesehen haben.

Die Aussage (b) des Satzes 2.10 legt die folgende Charakterisierung
der surjektiven linearen Abbildungen nahe:

> <u>Satz 2.11</u>: V und W seien K-Vektorräume, $f : V \to W$ sei eine
> lineare Abbildung.
>
> Ist f surjektiv, so ist für jedes Erzeugendensystem E von V
> das Bild f[E] ein Erzeugendensystem von W.
>
> Gibt es umgekehrt eine Menge $E_0 \subset V$ mit $\mathscr{L}f[E_0] = W$, dann
> ist f surjektiv.

<u>Beweis</u>: Surjektivität bedeutet, daß f[V] = W ist. Es sei $E \subset V$ mit
$\mathscr{L}E = V$. Dann ergibt sich die erste Behauptung aus $W = f[V] = f[\mathscr{L}E] = \mathscr{L}f[E]$.

Die zweite Behauptung folgt aus den Beziehungen $f[\mathscr{L}E_0] \subset f[V]$ und
$f[\mathscr{L}E_0] = \mathscr{L}f[E_0] = W$.

<u>2.7. Lineare Abhängigkeit</u>

> <u>Definition 2.9</u>: V sei ein K-Vektorraum. Eine Teilmenge M von
> V heißt l i n e a r a b h ä n g i g , wenn es einen Vektor $\underline{x}_0 \in M$ gibt,

> so daß $\underline{x}_0 \in \mathcal{L}(M \setminus \{\underline{x}_0\})$ ist. Gibt es einen solchen Vektor nicht,
> so heißt M l i n e a r u n a b h ä n g i g .

Eine endliche Menge mit mehr als einem Element ist also genau dann
linear abhängig, wenn es in ihr einen Vektor gibt, der als Linearkombination ihrer übrigen Vektoren geschrieben werden kann.

Beispiel 2.14: Für jeden K-Vektorraum V gilt:

Die leere Teilmenge $\emptyset$ ist linear unabhängig.

Jede einelementige Menge $\{\underline{x}\} \subset V$ mit $\underline{x} \neq \underline{0}$ ist linear unabhängig.

Eine den Nullvektor enthaltende Teilmenge ist stets linear abhängig.

Eine Menge, die eine linear abhängige Menge umfaßt, ist linear abhängig. Jede Teilmenge einer linear unabhängigen Menge ist linear
unabhängig.

Beispiel 2.15: Im arithmetischen Vektorraum K^n betrachten wir die
Menge $E_n = \left\{ e_1^{(n)}, \ldots, e_n^{(n)} \right\}$ (s. Beispiel 2.13). Sie ist linear unabhängig: Für jedes $k = 1, \ldots, n$ besteht $\mathcal{L}\left(E_n \setminus \left\{ e_k^{(n)} \right\} \right)$ gerade aus

den Vektoren $\begin{pmatrix} a_1 \\ \vdots \\ a_k \\ \vdots \\ a_n \end{pmatrix} \in K^n$ mit $a_k = 0$, also ist $e_k^{(n)} \notin \mathcal{L}\left(E_n \setminus \left\{ e_k^{(n)} \right\} \right)$.

Dagegen ist die Menge $\left\{ \mathfrak{r}_0, e_2^{(n)}, \ldots, e_n^{(n)} \right\}$ mit $\mathfrak{r}_0 = \begin{pmatrix} 0 \\ x_2 \\ \vdots \\ x_n \end{pmatrix}$ $(x_j \in K)$

linear abhängig.

Wir nennen nun Kriterien für lineare Abhängigkeit und Unabhängigkeit.

> Satz 2.12: V sei ein K-Vektorraum. $M \subset V$ ist genau dann linear
> unabhängig, wenn jede endliche Teilmenge von M linear unab-
> hängig ist.

Beweis: Ist M linear unabhängig, so sind alle Teilmengen von M
linear unabhängig, also auch die endlichen.

Wir nehmen nun an, M sei linear abhängig, und weisen daraus die
Existenz einer endlichen, linear abhängigen Teilmenge von M nach:

Wir können voraussetzen, daß M wenigstens zwei Elemente enthält.
Dann gibt es also einen Vektor $\underline{x}_0 \in M$, der Linearkombination von
Vektoren $\underline{x}_1, \ldots, \underline{x}_r \in M \setminus \{\underline{x}_0\}$ ist. Es sei $N = \{\underline{x}_1, \ldots, \underline{x}_r\}$. Dann
haben wir in $N \cup \{\underline{x}_0\}$ eine endliche, linear abhängige Teilmenge in
M gefunden; denn es ist $\underline{x}_0 \notin N$ und $\underline{x}_0 \in \mathcal{L}N$.

Die Untersuchung einer Menge auf lineare Abhängigkeit oder Unabhängigkeit kann also zurückgeführt werden auf die entsprechende Untersuchung ihrer endlichen Teilmengen.

<u>Satz 2.13:</u> V sei ein K-Vektorraum und $M = \{\underline{x}_1, \ldots, \underline{x}_n\}$ eine
n-elementige Teilmenge von V. Folgende Aussagen sind äqui-
valent:

(a) M ist linear unabhängig.

(b) Für Skalare $a_1, \ldots, a_n$ aus K mit $a_1\underline{x}_1 + \ldots + a_n\underline{x}_n = \underline{0}$
folgt stets $a_1 = \ldots = a_n = 0$.

(c) Zu jedem $\underline{y} \in \mathcal{L}M$ gibt es genau ein n-tupel $(c_1, \ldots, c_n)$ von
Skalaren aus K mit $\underline{y} = c_1\underline{x}_1 + \ldots + c_n\underline{x}_n$.

<u>Beweis:</u> Aus (a) folgt (b): Wir nehmen an, es gäbe Skalare
$a_1, \ldots, a_n \in K$ mit $a_1\underline{x}_1 + \ldots + a_n\underline{x}_n = \underline{0}$, von denen einer - etwa a_1 -
von Null verschieden ist. Dann existiert das inverse a_1^{-1}, und es folgt
$\underline{x}_1 = -a_1^{-1}(a_2\underline{x}_2 + \ldots + a_n\underline{x}_n) \in \mathcal{L}(M \setminus \{\underline{x}_1\})$. Mithin ist M linear abhängig.

Aus (b) folgt (c): Für $\underline{y} \in \mathcal{L}M$ seien $\underline{y} = c_1\underline{x}_1 + \ldots + c_n\underline{x}_n$ und
$\underline{y} = c_1'\underline{x}_1 + \ldots + c_n'\underline{x}_n$ $(c_i, c_i' \in K)$ zwei Darstellungen als Linearkombination der Elemente von M. Dann ist $(c_1 - c_1')\underline{x}_1 + \ldots + (c_n - c_n')\underline{x}_n = \underline{0}$.
Unter Voraussetzung von (b) folgt daraus $c_i - c_i' = 0$ und daher $c_i = c_i'$
für $i = 1, \ldots, n$.

Aus (c) folgt (a): M sei linear abhängig. Dann gibt es einen Vektor
in M - etwa $\underline{x}_1$ - mit $\underline{x}_1 \in \mathcal{L}(M \setminus \{\underline{x}_1\})$, und es gilt
$\underline{x}_1 = 0\underline{x}_1 + d_2\underline{x}_2 + \ldots + d_n\underline{x}_n$ mit geeigneten $d_i \in K$ sowie
$\underline{x}_1 = 1\underline{x}_1 + 0\underline{x}_2 + \ldots + 0\underline{x}_n$. Das sind zwei verschiedene Darstellungen von $\underline{x}_1$ als Linearkombination der $\underline{x}_1, \ldots, \underline{x}_n$.

Mit der Schlußweise "Aus (a) folgt (b), aus (b) folgt (c), aus (c) folgt (a)" haben wir die Äquivalenz der drei Aussagen gezeigt.

U sei ein Unterraum des Vektorraumes V und M eine Teilmenge von U. Ist M linear abhängig (bzw. unabhängig) im Raum U, so auch im Raum V und umgekehrt. Diese Behauptung ist unmittelbar einzusehen.

Zum Schluß dieses Abschnittes wollen wir die injektiven linearen Abbildungen noch durch ihre Wirkung auf die linear unabhängigen Teilmengen im Definitionsbereich kennzeichnen.

> Satz 2.14: V und W seien K-Vektorräume $(V \neq \{\underline{0}\})$. Eine lineare Abbildung $f : V \to W$ ist genau dann injektiv, wenn für jede linear unabhängige Teilmenge A in V auch ihr Bild f[A] in W linear unabhängig ist.

Beweis: Es genügt, die Behauptung für endliche Mengen zu beweisen.

Es sei $f \in \underline{\text{Lin}}(V,W)$ injektiv und $A = \{\underline{a}_1, \ldots, \underline{a}_r\}$ eine r-elementige linear unabhängige Teilmenge von V. Wegen der Injektivität von f enthält $f[A] = \{f(\underline{a}_1), \ldots, f(\underline{a}_r)\}$ ebenfalls r verschiedene Vektoren. Nun seien $b_1, \ldots, b_r$ Skalare aus K mit $b_1 f(\underline{a}_1) + \ldots + b_r f(\underline{a}_r) = \underline{0}_W$, wobei $\underline{0}_W$ der Nullvektor von W ist. Aus der Linearität von f folgt dann $f(b_1 \underline{a}_1 + \ldots + b_r \underline{a}_r) = \underline{0}_W$. Da Kern $f = \{\underline{0}_V\}$ ist, gilt $b_1 \underline{a}_1 + \ldots + b_r \underline{a}_r = \underline{0}_V$. Wegen der linearen Unabhängigkeit von A ergibt sich aus Satz 2.13 $b_i = 0$ für $i = 1, \ldots, r$ und damit nach demselben Satz die lineare Unabhängigkeit von f[A].

Umgekehrt sei nun vorausgesetzt, daß das Bild jeder (endlichen) linear unabhängigen Menge in V unter f wieder linear unabhängig ist. Für jeden Vektor $\underline{x} \in V$ mit $\underline{x} \neq \underline{0}_V$ ist die Menge $\{\underline{x}\}$ linear unabhängig; folglich ist es auch die Menge $\{f(\underline{x})\} \subset W$. Daher ist $f(\underline{x}) \neq \underline{0}_W$ für $\underline{x} \neq \underline{0}_V$, also Kern $f = \{\underline{0}_V\}$. Das bedeutet aber, daß f injektiv ist.

2.8. Basen

> Definition 2.10: V sei ein K-Vektorraum. Eine Teilmenge B von V heißt B a s i s von V, wenn B linear unabhängig ist und V erzeugt, d.h. $\mathscr{L}B = V$ gilt.

<u>Beispiel 2.16:</u> Für den Unterraum $\{\underline{0}\}$ eines Vektorraumes ist die leere Menge $\emptyset$ die einzige Basis.

<u>Beispiel 2.17:</u> Die Menge $E_n = \left\{ e_1^{(n)}, \ldots, e_1^{(n)} \right\}$ ist Basis des arithmetischen Vektorraumes K^n, wie aus den Beispielen 2.13 und 2.15 folgt.

Die Bedeutung einer Basis liegt darin, daß durch sie bereits jedes Element des Raumes eindeutig beschrieben werden kann, wie wir dem Satz 2.13 für den Fall einer endlichen Basis entnehmen. Jeder Vektor des Raumes ist nämlich auf genau eine Weise als Linearkombination der Basisvektoren darstellbar.

Bevor wir uns im nächsten Abschnitt ganz auf die Betrachtung von Vektorräumen mit endlicher Basis beschränken, wollen wir noch einige allgemeinere Ergebnisse anführen.

<u>Lemma 2.6:</u> V sei ein K-Vektorraum, M eine linear unabhängige Teilmenge und $\underline{y}_0$ ein Vektor aus $V \backslash M$. Die Teilmenge $M \cup \{\underline{y}_0\}$ von V ist genau dann linear abhängig, wenn $\underline{y}_0 \in \mathscr{L}M$ ist.

<u>Beweis:</u> Gilt $\underline{y}_0 \in \mathscr{L}M$, so ist $M \cup \{\underline{y}_0\}$ nach Definition 2.9 linear abhängig.

Umgekehrt sei die lineare Abhängigkeit von $M \cup \{\underline{y}_0\}$ vorausgesetzt. Ist $M = \emptyset$, so folgt $\underline{y}_0 = \underline{0}$ und damit $\underline{y}_0 \in \mathscr{L}\emptyset$.

Nun sei $M \neq \emptyset$. Dann kann in M eine endliche Teilmenge $N = \{\underline{x}_1, \ldots, \underline{x}_r\}$ ($\underline{x}_i \neq \underline{x}_k$ für $i \neq k$) so gefunden werden, daß $N \cup \{\underline{y}_0\}$ linear abhängig ist. Nach Satz 2.13 gibt es dann Skalare $a_0, a_1, \ldots, a_r$ in K, die nicht alle Null sind, mit $a_0 \underline{y}_0 + a_1 \underline{x}_1 + \ldots + a_r \underline{x}_r = \underline{0}$. Da N als Teilmenge der linear unabhängigen Menge M ebenfalls linear unabhängig ist, so muß $a_0 \neq 0$ gelten. Also ist $\underline{y}_0 = a_0^{-1} \underline{z}$ mit $\underline{z} \in \mathscr{L}N$ und daher $\underline{y}_0 \in \mathscr{L}N$ und wegen $\mathscr{L}N \subset \mathscr{L}M$ auch $\underline{y}_0 \in \mathscr{L}M$.

Der folgende Satz gibt darüber Auskunft, welche linear unabhängigen Teilmengen überhaupt als Basen eines Vektorraumes in Frage kommen.

> <u>Satz 2.15</u>: V sei ein K-Vektorraum, M ein Erzeugendensystem
> von V und S eine Teilmenge von M. S ist genau dann eine Basis
> von V, wenn S maximale linear unabhängige Teilmenge von M ist.

<u>Beweis</u>: S sei eine Basis von V. Dann ist S linear unabhängig. Wir
nehmen an, es gäbe in M eine linear unabhängige Teilmenge S_0 mit
$S \subset S_0$ und $S \neq S_0$. Dann existiert ein Vektor $\underline{x}_0 \in S_0 \backslash S$. Als Teilmenge von S_0 ist $S \cup \{\underline{x}_0\}$ linear unabhängig. Nach Lemma 2.6 gilt
daher $\underline{x}_0 \notin \mathcal{L}S$ im Widerspruch zu der Tatsache, daß S den Raum V
erzeugt.

Nun sei S eine maximale linear unabhängige Teilmenge von M. Dann
ist für jedes $\underline{x} \in M \backslash S$ die Menge $S \cup \{\underline{x}\}$ wegen $S \subset S \cup \{\underline{x}\} \subset M$ und
$S \neq S \cup \{\underline{x}\}$ linear abhängig. Nach Lemma 2.6 folgt daraus $\underline{x} \in \mathcal{L}S$.
Weil dies für jedes $\underline{x} \in M \backslash S$ gilt, ist $M \subset \mathcal{L}S$.

Daraus folgt wegen $V = \mathcal{L}M \subset \mathcal{L}\mathcal{L}S = \mathcal{L}S$ und der linearen Unabhängigkeit von S sofort, daß S eine Basis ist.

Setzen wir im vorangehenden Satz $M = V$, so erhalten wir die spezielle Aussage, daß eine Menge genau dann Basis von V ist, wenn
sie maximale linear unabhängige Teilmenge von V ist.

Aus der Existenz einer maximalen linear unabhängigen Teilmenge
irgendeiner den Raum V erzeugenden Menge kann man also auf die
Existenz einer Basis von V schließen. Mit transfiniten Mitteln ist
es möglich, auf diesem Wege für jeden Vektorraum eines Basis nachzuweisen. Wir benötigen dieses allgemeine Ergebnis nicht und schrän-
ken unsere Untersuchungen auf Räume ein, für die gewisse Endlich-
keitsbedingungen erfüllt sind. Dies soll im nächsten Abschnitt präzisiert werden.

<u>Aufgabe</u>: Man beweise, daß ein Erzeugendensystem B des Vektor-
raumes V dann und nur dann eine Basis von V ist, wenn B in der
Menge der Erzeugendensysteme von V minimal ist.

2.9. Endlichdimensionale Vektorräume

Für spezielle Vektorräume beweisen wir den sog. B a s i s e r g ä n -
z u n g s s a t z :

> __Satz 2.16__: V sei ein K-Vektorraum mit der folgenden Eigenschaft:
> Es gibt eine natürliche Zahl n_0 und ein Erzeugendensystem E von
> V derart, daß die Anzahl der Elemente jeder linear unabhängigen
> Teilmenge von E höchstens n_0 beträgt. Ist dann A eine linear
> unabhängige Teilmenge von E , so gibt es eine Basis B von V mit
> $A \subset B \subset E$.

__Beweis__: Es sei $\mathfrak{S}$ die Menge aller linear unabhängigen Teilmengen
S von V mit $\subset S \subset E$. Da A in $\mathfrak{S}$ liegt, ist $\mathfrak{S}$ nicht leer. Für jedes
$S \in \mathfrak{S}$ bezeichnen wir mit $|S|$ die Anzahl der in S enthaltenen Vekto-
ren; speziell ist $|\emptyset| = 0$, falls $\emptyset \in \mathfrak{S}$. Die Menge $N_0 = \{|S| \mid S \in \mathfrak{S}\}$
ist nach Voraussetzung Teilmenge der endlichen Menge $\{0,1,2,\ldots,n_0\}$.
N_0 enthält daher eine größte Zahl g. Nach Konstruktion von N_0 gibt
es eine Menge $B \in \mathfrak{S}$ mit $|B| = g$ (B hat also in $\mathfrak{S}$ maximale Elemen-
teanzahl). B ist offenbar maximale linear unabhängige Teilmenge von
E und daher nach Satz 2.15 eine Basis für V. In B haben wir damit
eine Basis mit $A \subset B \subset E$ gefunden.

Wir nennen einen Vektorraum V e n d l i c h   e r z e u g b a r , wenn eine
endliche Teilmenge E in V mit $\mathscr{L}E = V$ existiert.

Erfüllt V die Voraussetzungen des vorangehenden Satzes, so ist V
endlich erzeugbar; es ist sogar die Existenz einer endlichen Basis
garantiert. Umgekehrt genügt jeder endlich erzeugbare Vektorraum
den Bedingungen des Satzes. Darüber hinaus beweisen wir

> __Lemma 2.7__: V sei ein K-Vektorraum, der durch eine r-elemen-
> tige Teilmenge $(r \in \underline{N})$ erzeugt wird. Dann enthält jede linear
> unabhängige Teilmenge von V höchstens r Vektoren.

__Beweis__: Es sei A eine linear unabhängige Teilmenge von V. Dann
betrachten wir die Menge $\mathfrak{U}$ derjenigen Teilmengen von A, die in einem r-elementigen Erzeugendensystem von V liegen. Nach Voraussetzung gibt es für V ein r-elementiges Erzeugendensystem. Daher

ist $\mathfrak{U}$ nicht leer; denn $\mathfrak{U}$ enthält die leere Menge, die ja sowohl Teilmenge des Erzeugendensystems als auch der Menge A ist. Da die Elementeanzahl jeder Menge in $\mathfrak{U}$ nicht größer als r ist, können wir in ähnlicher Weise wie in dem Beweis zu Satz 2.16 eine Menge A' in $\mathfrak{U}$ mit maximaler Elementeanzahl bestimmen. Wenn wir A = A' zeigen können, haben wir das Lemma bewiesen.

Da $A' \subset A$ ist, müssen wir noch $A \subset A'$ nachweisen. Es sei also $\underline{x}$ ein Vektor aus A. A' ist als Element von $\mathfrak{U}$ Teilmenge eines r-elementigen Erzeugendensystems E von V. Als endliche Menge erfüllt das Erzeugendensystem $E' = E \cup \{\underline{x}\}$ die Voraussetzung des Satzes 2.16, und wir können daher zu der linear unabhängigen Teilmenge $A' \cup \{\underline{x}\}$ eine Basis B von V mit $A' \cup \{\underline{x}\} \subset B \subset E'$ finden. Ist $\underline{x} \in E$, gilt also $E' = E$, so enthält B höchstens r Elemente. Aber auch im Falle $\underline{x} \notin E$ - E' hat dann r + 1 Vektoren - kann B höchstens r-elementig sein; denn E' ist wegen $\underline{x} \in V = \mathscr{L}E = \mathscr{L}(E' \setminus \{\underline{x}\})$ linear abhängig, B als Basis aber linear unabhängig, und daher muß $B \neq E'$ sein. Jede r-elementige Teilmenge E'' mit $B \subset E''$ ist Erzeugendensystem von V und enthält die Menge $A' \cup \{\underline{x}\}$; also gehört $A' \cup \{\underline{x}\}$ zu $\mathfrak{U}$. Da A' aber in $\mathfrak{U}$ maximale Elementeanzahl hat, muß $\underline{x} \in A'$ und damit $A \subset A'$ gelten.

Wir wollen die wichtigsten Folgerungen, die sich aus dem eben Bewiesenen für endlich erzeugbare Vektorräume ergeben, in einem Satz zusammenfassen.

> <u>Satz 2.17:</u> Für einen endlich erzeugbaren K-Vektorraum V gilt:
>
> (a) V besitzt eine Basis.
>
> (b) Jede Basis von V ist endlich, und je zwei Basen enthalten gleich viele Vektoren.
>
> (c) Jede linear unabhängige Teilmenge A von V kann zu einer Basis von V ergänzt werden, d.h. es gibt eine linear unabhängige Teilmenge B von V mit $A \subset B$ und $\mathscr{L}B = V$.

<u>Beweis:</u> Eine linear unabhängige Teilmenge A von V enthält nach Lemma 2.7 nur endlich viele Vektoren. Ist E ein endliches Erzeugendensystem von V, so auch $E \cup A$, und es gibt nach Satz 2.16

eine Basis B von V mit $A \subset B \subseteq E \cup A$. Daraus ergibt sich (c).
Da V wenigstens die leere Menge als linear unabhängige Teilmenge
besitzt, folgt außerdem die Existenz einer Basis, also (a).

B und B' seien Basen von V. Als linear unabhängige Mengen sind
beide endlich. Wegen $\mathcal{L}B = V$ hat B' höchstens so viele Elemente
wie B; entsprechend enthält B wegen $\mathcal{L}B' = V$ höchstens so viele
wie B'(Lemma 2.7). Mithin ist die Anzahl der Vektoren in B und
B' gleich.

Nach Aussage (b) dieses Satzes ist jedem endlich erzeugbaren Vektorraum in eindeutiger Weise eine natürliche Zahl zugeordnet, nämlich die gemeinsame Elementeanzahl aller Basen des Raumes.

Definition 2.11: V sei ein endlich erzeugbarer K-Vektorraum.
Die Anzahl der Vektoren einer Basis von V heißt die D i m e n s i o n
des Raumes.

Wir wollen die Dimension von V mit d i m V bezeichnen.

Hat ein Vektorraum ein endliches Erzeugendensystem, so wird er
auch e n d l i c h d i m e n s i o n a l, andernfalls u n e n d l i c h d i m e n -
s i o n a l genannt.

Für den K-Vektorraum $V = \{\underline{0}\}$ - und nur für diesen - gilt $\dim V = 0$.

Zu jedem Körper K und jeder natürlichen Zahl n kann ein K-Vektorraum der Dimension n genannt werden, nämlich der arithmetische
Vektorraum K^n.

Über die Unterräume endlichdimensionaler Vektorräume kann folgendes gesagt werden:

Satz 2.18: V sei ein endlich erzeugbarer K-Vektorraum. Dann
ist jeder Unterraum U von V wieder endlich erzeugbar, und es
gilt $\dim U \leqslant \dim V$. Es ist $\dim U = \dim V$ genau dann, wenn $U = V$.

Beweis: V sei ein K-Vektorraum der Dimension n, U ein Unterraum
von V. Jede linear unabhängige Teilmenge in U ist eine solche in V,
und daher enthält jede höchstens n Vektoren. Deshalb kann man nach

Satz 2.16 auf die Existenz einer Basis B für den Raum U schließen;
man setze nämlich E = U und A = $\emptyset$. B erzeugt U und ist als linear
unabhängige Menge endlich mit höchstens n Elementen. Folglich ist
U endlich erzeugbar, und es ist dim U $\leqslant$ dim V.

Ist U = V, so muß dim U = dim V sein. Es sei umgekehrt dim U =
dim V vorausgesetzt. Zu einer Basis B von U gibt es eine Basis
B' von V mit B $\subseteq$ B'. Da beide gleich viele Elemente enthalten,
folgt B = B' und damit U = $\mathscr{L}$B = $\mathscr{L}$B'= V.

Unter den linearen Abbildungen sind die surjektiven genau diejenigen,
die Erzeugendensysteme in Erzeugendensysteme überführen (Satz 2.11),
genau die injektiven überführen linear unabhängige Mengen in linear unabhängige Mengen (Satz 2.14). Wir zeigen nun, daß die Isomorphismen
dadurch gekennzeichnet sind, daß sie jede Basis auf eine Basis abbilden. Allerdings beschränken wir uns dabei auf den Fall endlichdimensionaler Vektorräume.

> <u>Satz 2.19</u>: V und W seien K-Vektorräume, V sei endlich erzeugbar.
> Eine lineare Abbildung j : V $\rightarrow$ W ist genau dann ein Isomor-
> phismus, wenn für jede Basis B von V auch j[B] eine Basis von
> W ist.

<u>Beweis</u>: Ist j ein Isomorphismus, so folgt aus den Sätzen 2.11 und
2.14, daß j[B] eine Basis von W ist, falls B eine solche von V ist.

Für jede Basis B von V sei nun j[B] eine in W. Dann ist j sicherlich surjektiv. Jede linear unabhängige Menge A $\subset$ V kann nach Satz
2.17 zu einer Basis B $\subseteq$ V ergänzt werden. Da j[A] $\subseteq$ j[B] und j[B]
linear unabhängig ist, so ist auch j[A] linear unabhängig. Daher ist
j nach Satz 2.14 injektiv, also ein Isomorphismus.

Wir weisen zum Schluß dieses Abschnittes auf die Bedeutung von
Satz 2.17 hin. Er stellt ein Hauptergebnis unserer Untersuchungen
dar, auf das sich im wesentlichen die weiteren Betrachtungen dieses
Buches stützen. Mit diesem Satz ist die Struktur endlich erzeugbarer Vektorräume vollständig beschrieben, die sich daher als besonders durchsichtig erweist.

2.10. Lineare Fortsetzung

V sei ein K-Vektorraum der Dimension n, $B = \{\underline{b}_1,\ldots,\underline{b}_n\}$ eine
Basis von V. Wegen $\mathcal{L}B = V$ gibt es zu jedem Vektor $\underline{x} \in V$ ein
n-tupel $(a_1,\ldots,a_n)$ von Skalaren aus K, für das

$$\underline{x} = a_1\underline{b}_1 + \ldots + a_n\underline{b}_n$$

ist. Da B linear unabhängig ist, so ist $(a_1,\ldots,a_n)$ nach Satz 2.13
auch das einzige n-tupel mit dieser Eigenschaft.

Unmittelbare Folge dieser Tatsache ist der Satz über l i n e a r e
F o r t s e t z u n g :

> <u>Satz 2.20</u>: V sei ein endlich erzeugbarer K-Vektorraum der Di-
> mension n, $B = \{\underline{b}_1,\ldots,\underline{b}_n\}$ eine Basis von V und W ein wei-
> terer K-Vektorraum. Zu jeder Abbildung $f_0 : B \to W$ gibt es genau
> eine Abbildung $f : V \to W$ mit folgenden Eigenschaften:
>
> (a) f ist lineare Abbildung.
>
> (b) f ist Fortsetzung von f_0.
>
> Für jedes $\underline{x} = \sum_{i=1}^{n} a_i\underline{b}_i$ aus V mit den zu $\underline{x}$ eindeutig bestimmten
>
> Skalaren $a_i \in K$ ist f gegeben durch $f(\underline{x}) = \sum_{i=1}^{n} a_i f_0(\underline{b}_i)$.

<u>Beweis</u>: Die im Satz angegebene Definition der Abbildung f ist des-
halb sinnvoll, weil jeder Vektor aus V bezüglich der Basis B eine
eindeutige Darstellung hat. Wir zeigen nun, daß diese Abbildung die
Forderungen (a) und (b) erfüllt:

Für

$$\underline{x} = \sum_{i=1}^{n} a_i\underline{b}_i \quad (a_i \in K), \qquad \underline{y} = \sum_{i=1}^{n} b_i\underline{b}_i \quad (b_i \in K)$$

aus V und a, b aus K hat der Vektor $a\underline{x} + b\underline{y}$ bezüglich B die Darstellung

$$a\underline{x} + b\underline{y} = \sum_{i=1}^{n} (aa_i + bb_i)\underline{b}_i .$$

Es ist daher

$$f(a\underline{x} + b\underline{y}) = \sum_{i=1}^{n} (aa_i + bb_i)f_0(\underline{b}_i)$$

$$= \sum_{i=1}^{n} ((aa_i)f_0(\underline{b}_i) + (bb_i)f_0(\underline{b}_i))$$

$$= \sum_{i=1}^{n} (aa_i)f_0(\underline{b}_i) + \sum_{i=1}^{n} (bb_i)f_0(\underline{b}_i)$$

$$= a\left(\sum_{i=1}^{n} a_i f_0(\underline{b}_i)\right) + b\left(\sum_{i=1}^{n} b_i f_0(\underline{b}_i)\right)$$

$$= af(\underline{x}) + bf(\underline{y}) .$$

Also ist f linear. Die Abbildung f ist auch Fortsetzung von f_0 :

Für $k = 1,\ldots,n$ ist $\underline{b}_k = \sum_{i=1}^{n} \delta_{ik}\underline{b}_i$ mit dem Kroneckersymbol δ_{ik}

die eindeutige Darstellung von $\underline{b}_k$ bezüglich B. Also ist

$$f(\underline{b}_k) = \sum_{i=1}^{n} \delta_{ik}f_0(\underline{b}_k) = f_0(\underline{b}_k) , \quad \text{mithin } f|B = f_0 .$$

Es bleibt nun noch zu zeigen, daß f die einzige Abbildung von V in
W mit den Eigenschaften (a) und (b) ist: Es sei also g eine wei-
tere lineare Abbildung von V in W mit $g|B = f_0$. Für beliebiges

$\underline{x} = \sum_{i=1}^{n} a_i\underline{b}_i$ aus V ist dann $g(\underline{x}) = \sum_{i=1}^{n} a_i g(\underline{b}_i) = \sum_{i=1}^{n} a_i f_0(\underline{b}_i) = f(\underline{x})$.

Demnach ist $g = f$.

Dem Satz 2.20 entnehmen wir, daß eine lineare Abbildung von V in
W bereits eindeutig festliegt durch Angabe der Bilder für die Elemente irgendeiner Basis von V.

Bei den Beweisen der folgenden Sätze werden wir gleich einige An-
wendungsbeispiele der linearen Fortsetzbarkeit kennenlernen.

Satz 2.21: Endlich erzeugbare K-Vektorräume V und W sind genau dann isomorph, wenn $\dim V = \dim W$ ist.

Beweis: Da für $\dim V = 0$ der Satz trivial ist, sei $\dim V = n > 0$.

Es sei $j : V \to W$ ein Isomorphismus. Ist B Basis von V, so ist $j[B]$ nach Satz 2.19 Basis von W. Da $j[B]$ n Elemente hat, ist $\dim W = n$.

Nun sei $\dim W = \dim V$ vorausgesetzt. Dann gibt es n-elementige Basen $B = \{\underline{b}_1, \ldots, \underline{b}_n\}$ von V und $B' = \{\underline{b}'_1, \ldots, \underline{b}'_n\}$ von W. Durch $j_0(\underline{b}_i) = \underline{b}'_i$ $(i = 1, \ldots, n)$ ist eine bijektive Abbildung $j_0 : B \to B'$ definiert, deren lineare Fortsetzung $j : V \to W$ nach Satz 2.11 surjektiv ist. Es sei $\underline{x} \in$ Kern j. Der Vektor $\underline{x}$ läßt sich in der Form $\underline{x} = a_1\underline{b}_1 + \ldots + a_n\underline{b}_n$ $(a_i \in K)$ darstellen, und es gilt $\underline{0}_W = j(\underline{x}) = a_1\underline{b}'_1 + \ldots + a_n\underline{b}'_n$. Daraus folgt $a_1 = \ldots = a_n = 0$, also $\underline{x} = \underline{0}_V$. Somit ist Kern $j = \{\underline{0}_V\}$ und j ein Isomorphismus.

Die Möglichkeit, jede linear unabhängige Teilmenge zu einer Basis des Raumes ergänzen zu können, führt zur Lösung eines anderen Fortsetzungsproblems:

Satz 2.22: V sei ein endlich erzeugbarer K-Vektorraum, U ein Unterraum von V und W ein weiterer K-Vektorraum. Zu jeder linearen Abbildung $f_U : U \to W$ gibt es eine lineare Abbildung $f : V \to W$, die f_U fortsetzt.

Beweis: Der triviale Fall $V = \{\underline{0}\}$ wird nicht betrachtet und sei jetzt ausgeschlossen.

Es sei B' eine Basis von U. Als linear unabhängige Teilmenge von V kann B' nach Satz 2.17 zu einer Basis B von V ergänzt werden. Auf B definieren wir eine Abbildung $f_0 : B \to W$ auf folgende Weise: Für jedes $\underline{b} \in B$ sei $f_0(\underline{b}) = f_U(\underline{b})$ falls $\underline{b} \in B'$ und $f_0(\underline{b}) = \underline{0}\,(\underline{0} \in W)$ falls $\underline{b} \notin B'$. Die lineare Abbildung $f : V \to W$, die f_0 auf den Raum V fortsetzt, hat die im Satz geforderte Eigenschaft; denn die Abbildung $g = f|U$ ist linear mit $g|B' = f_U|B'$, und daher ist $g = f_U$ wegen der Eindeutigkeit der Fortsetzbarkeit auf B'.

Die Fortsetzung f der Abbildung f_U ist natürlich i.allg. nicht die einzig mögliche.

Mit Hilfe von Satz 2.20 wollen wir nun noch die Dimension des Abbildungsraumes $\underline{\mathrm{Lin}}(V,W)$ (s. Abschnitt 2.5) für endlich erzeugbare Vektorräume V und W berechnen.

> Satz 2.23: Sind V und W endlich erzeugbare K-Vektorräume, so ist der K-Vektorraum $\underline{\mathrm{Lin}}(V,W)$ der linearen Abbildungen von V in W ebenfalls endlich erzeugbar, und es gilt
>
> $$\dim \underline{\mathrm{Lin}}(V,W) = \dim V \cdot \dim W.$$

Beweis: Wenn $\dim V = 0$ oder $\dim W = 0$ ist, also wenigstens einer der beiden Vektorräume nur aus dem Nullvektor besteht, enthält $\underline{\mathrm{Lin}}(V,W)$ auch nur die Nullabbildung, und es ist daher $\dim \underline{\mathrm{Lin}}(V,W) = 0$. Folglich ist in diesem Fall der Satz erfüllt.

Wir setzen nun $\dim V = n \neq 0$ und $\dim W = m \neq 0$ voraus. Es sei $B = \{\underline{b}_1, \ldots, \underline{b}_n\}$ eine Basis von V und $B' = \{\underline{b}_1', \ldots, \underline{b}_m'\}$ eine solche von W. Für $i = 1, \ldots, n$ und $k = 1, \ldots, m$ seien Abbildungen $f_{ik} \in \underline{\mathrm{Lin}}(V,W)$ auf B folgendermaßen erklärt:

$$f_{ik}(\underline{b}_j) = \begin{cases} \underline{b}_k' & \text{falls} \quad j = i \\[2mm] \underline{0} & \text{falls} \quad j \neq i \end{cases}$$

für $j = 1, \ldots, n$. Sie liegen damit eindeutig auf ganz V fest. Aus $(i',k') \neq (i'',k'')$ folgt offenbar $f_{i'k'} \neq f_{i''k''}$; also enthält die Menge $F = \{f_{ik} \mid 1 \leq i \leq n, 1 \leq k \leq m\}$ $m \cdot n$ verschiedene Elemente. Wir zeigen, daß F eine Basis für den Raum $\underline{\mathrm{Lin}}(V,W)$ ist.

F erzeugt $\underline{\mathrm{Lin}}(V,W)$: Es sei f eine beliebige lineare Abbildung von V in W. Jeder Vektor $f(\underline{b}_j) \in W$ $(j = 1, \ldots, n)$ ist Linearkombination der Vektoren aus B', also gibt es Skalare $a_{jk} \in K$ mit

$$f(\underline{b}_j) = \sum_{k=1}^{m} a_{jk}\underline{b}_k' = \sum_{k=1}^{m} a_{jk}f_{jk}(\underline{b}_j)$$

$$= \sum_{i=1}^{n} \sum_{k=1}^{m} a_{ik}f_{ik}(\underline{b}_j)$$

$$= \left(\sum_{i=1}^{n} \sum_{k=1}^{m} a_{ik}f_{ik} \right)(\underline{b}_j) \,.$$

Aus dieser Beziehung folgt $f = \sum\limits_{i=1}^{n} \sum\limits_{k=1}^{m} a_{ik} f_{ik}$, da f ja bereits durch

Angabe der Bilder von $\underline{b}_1, \dots, \underline{b}_n$ eindeutig bestimmt ist. Mithin ist F Erzeugendensystem von $\underline{\text{Lin}}(V,W)$.

F ist linear unabhängig: Die Abbildung $o : V \to W$, definiert durch $o(\underline{x}) = \underline{0} \in W$ ($\underline{x} \in V$), ist Nullvektor in $\underline{\text{Lin}}(V,W)$. Für $i = 1, \dots, n$

und $k = 1, \dots, m$ seien c_{ik} aus K mit $o = \sum\limits_{i=1}^{n} \sum\limits_{k=1}^{m} c_{ik} f_{ik}$. Dann ist

$$\underline{0} = o(\underline{b}_j) = \sum_{i=1}^{n} \sum_{k=1}^{m} c_{ik} f_{ik}(\underline{b}_j)$$

$$= \sum_{k=1}^{m} c_{jk} f_{jk}(\underline{b}_j) = \sum_{k=1}^{m} c_{jk} \underline{b}'_k$$

für alle $j = 1, \dots, n$. Da B' linear unabhängig ist, so folgt $c_{jk} = 0$ für $k = 1, \dots m$ und $j = 1, \dots, n$. Damit ist nach Satz 2.13 die lineare Unabhängigkeit von F gezeigt.

F ist also eine Basis von $\underline{\text{Lin}}(V,W)$, und daher gilt auch $\dim \underline{\text{Lin}}(V,W) = m \cdot n$.

2.11. Rang einer linearen Abbildung

V und W seien K-Vektorräume, f sei eine lineare Abbildung von V in W. Hat V ein endliches Erzeugendensystem, so auch $f[V] = \text{Bild } f$. Für diesen Fall stellen wir im nächsten Satz einen wichtigen Zusammenhang zwischen den zu f gehörigen Räumen V, Kern f und Bild f her.

> **Satz 2.24:** V und W seien K-Vektorräume, V sei endlich erzeugbar. Dann gibt es zu jeder linearen Abbildung $f \in \underline{\text{Lin}}(V,W)$ einen Unterraum U in V mit folgenden Eigenschaften:
>
> Es ist $V = U + \text{Kern } f$ und $U \cap \text{Kern } f = \{\underline{0}\}$.
>
> Es gilt $\dim V = \dim U + \dim \text{Kern } f$.

> Die Abbildung $j : U \to$ Bild f, definiert durch $j(\underline{u}) = f(\underline{u})$ für alle $\underline{u} \in U$, ist ein Isomorphismus von U auf Bild f.

<u>Beweis</u>: Es sei B' eine Basis von Kern f. Sie kann als linear unabhängige Teilmenge von V zu einer Basis B von V ergänzt werden (Satz 2.17). Wir setzen $B'' = B \backslash B'$ und weisen nach, daß $U = \mathscr{L} B''$ die im Satz genannten Eigenschaften hat.

Da $B = B' \cup B''$ ist, so gilt $V = \mathscr{L} B = \mathscr{L}(B' \cup B'') = \mathscr{L} B' + \mathscr{L} B'' =$ Kern $f + U$. Da außerdem $B' \cap B'' = \emptyset$ ist, so folgt $\dim V = \dim$ Kern $f + \dim U$.

Wir weisen nun die Beziehung $U \cap$ Kern $f = \{\underline{0}\}$ nach. Dazu nehmen wir an, es existiere ein Vektor $\underline{u} \in$ Kern $f \cap U$ mit $\underline{u} \neq \underline{0}$. Dann gibt es Elemente $a \in K \backslash \{0\}$, $\underline{b}' \in B'$ und $\underline{z} \in \mathscr{L}(B' \backslash \{\underline{b}'\})$, so daß $\underline{u} = a\underline{b}' + \underline{z}$ ist. Da $\underline{u}$ und $\underline{z}$ aber zu $\mathscr{L}(B \backslash \{\underline{b}'\})$ gehören, so gilt auch $\underline{b}' \in \mathscr{L}(B \backslash \{\underline{b}'\})$, was im Widerspruch zur linearen Unabhängigkeit von B steht. Daraus folgt die Behauptung.

Nun ergibt sich sofort, daß die Abbildung j ein Isomorphismus ist. Sie ist sicherlich linear, da f linear ist. Sie ist surjektiv, da $j[U] = f[U] = f[V]$ ist, und sie ist injektiv, da Kern $j = U \cap$ Kern $f = \{\underline{0}\}$ ist. Damit ist der Satz vollständig bewiesen.

> <u>Definition 2.12</u>: V und W seien K-Vektorräume, f sei eine lineare Abbildung von V in W, und Bild f sei endlichdimensional. Dann nennt man $\dim$ Bild f den **Rang** von f.

Wir schreiben kurz Rang f.

Für den Fall, daß V endlichdimensional ist, lesen wir aus Satz 2.24 die Beziehung

$$\text{Rang } f = \dim V - \dim \text{Kern } f$$

ab.

Rang f ist nicht größer als $\dim V$ und $\dim W$, also

$$\text{Rang } f \leq \min(\dim V, \dim W),$$

vorausgesetzt, V und W sind endlich erzeugbar.

> <u>Satz 2.25</u>: U, V und W seien K-Vektorräume, V sei endlich-
> dimensional. Ferner sei $f \in \underline{\mathrm{Lin}}(U,V)$ und $g \in \underline{\mathrm{Lin}}(V,W)$. Dann
> gilt:
>
> $\mathrm{Rang}\, f + \mathrm{Rang}\, g - \dim V \leqslant \mathrm{Rang}(g \circ f) \leqslant \min(\mathrm{Rang}\, f,\ \mathrm{Rang}\, g)$.

<u>Beweis</u>: Wir betrachten die Einschränkung $h = g \mid f[U]$, für die
$\mathrm{Rang}\, h = \mathrm{Rang}\,(g \circ f)$ gilt.

Es ist $\mathrm{Rang}\, h \leqslant \dim f[U]$ und wegen $h[f[U]] \subseteq g[V]$ auch
$\mathrm{Rang}\, h \leqslant \dim g[V]$. Daraus ergibt sich die rechte Seite der Ungleichung.

Da $\mathrm{Kern}\, h \subseteq \mathrm{Kern}\, g$ und daher $\dim \mathrm{Kern}\, h \leqslant \dim \mathrm{Kern}\, g$ ist, so
ergibt sich

$$\begin{aligned}
\mathrm{Rang}\, h &= \dim f[U] - \dim \mathrm{Kern}\, h \\
&\geqslant \dim f[U] - \dim \mathrm{Kern}\, g \\
&= \mathrm{Rang}\, f + \mathrm{Rang}\, g - \dim V.
\end{aligned}$$

Damit ist auch die linke Seite der Ungleichung gezeigt.

Die folgenden Kriterien kann der Leser leicht selbst beweisen.

> <u>Satz 2.26</u>: V und W seien endlichdimensionale K-Vektorräume,
> f sei eine lineare Abbildung von V in W. Es gilt:
>
> (a) f ist genau dann surjektiv, wenn $\mathrm{Rang}\, f = \dim W$ ist.
>
> (b) f ist genau dann injektiv, wenn $\mathrm{Rang}\, f = \dim V$ ist.
>
> (c) Ist $\dim V = \dim W = n$, so sind die vier Aussagen äquivalent:
>   f ist surjektiv.
>   f ist injektiv.
>   f ist bijektiv.
> $\mathrm{Rang}\, f = n$.

Es sei f ein Endomorphismus auf dem endlichdimensionalen K-Vektorraum V. Nach dem vorangehenden Satz sind folgende Aussagen
äquivalent:

(1) f ist ein Automorphismus.

(2) Es gibt $g \in \underline{\mathrm{Lin}}(V,V)$ mit $f \circ g = 1_V$.

(3) Es gibt $g \in \underline{\mathrm{Lin}}(V,V)$ mit $g \circ f = 1_V$.

Es bedeutet nämlich $f \circ g = 1_V$ Surjektivität und $g \circ f = 1_V$ Injektivität von f.

2.12. Multilinearformen

$V_1, \ldots, V_r$ seien K-Vektorräume. Wir betrachten dann das kartesische Produkt $\bigtimes\limits_{i=1}^{r} V_i$, d.h. die Menge aller r-tupel $(\underline{x}_1, \ldots, \underline{x}_r)$ mit $\underline{x}_i \in V_i$ für $i = 1, \ldots, r$. Uns interessiert in diesem Abschnitt in dem K-Vektorraum $\underline{Abb}\left(\bigtimes\limits_{i=1}^{r} V_i, K \right)$ (s. Beispiel 2.9; K ist als Vektorraum über sich selbst aufgefaßt) ein bestimmter Unterraum, dessen Elemente durch die folgende Definition gegeben sind:

> <u>Definition 2.13</u>: Eine Abbildung
>
> $$\varphi : \bigtimes\limits_{i=1}^{r} V_i \to K$$
>
> heißt r-fache **Multilinearform** der K-Vektorräume $V_1, \ldots, V_r$, wenn die zu jedem Index $i \in \{1, \ldots, r\}$ und jedem r-tupel $\underline{a} = (\underline{a}_1, \ldots, \underline{a}_i, \ldots, \underline{a}_r)$ mit $\underline{a}_j \in V_j$ gehörigen Abbildungen $f_{\underline{a}, i} : V_i \to K$, definiert durch $f_{\underline{a}, i}(\underline{x}_i) = \varphi(\underline{a}_1, \ldots, \underline{x}_i, \ldots, \underline{a}_r)$ $(\underline{x}_i \in V_i)$, Linearformen sind.

Für eine Multilinearform φ gilt also

$$\varphi(\underline{a}_1, \ldots, \underline{a}_{i-1}, a\underline{x}_i + b\underline{y}_i, \underline{a}_{i+1}, \ldots, \underline{a}_r) =$$
$$a\varphi(\underline{a}_1, \ldots, \underline{a}_{i-1}, \underline{x}_i, \underline{a}_{i+1}, \ldots, \underline{a}_r) +$$
$$b\varphi(\underline{a}_1, \ldots, \underline{a}_{i-1}, \underline{y}_i, \underline{a}_{i+1}, \ldots, \underline{a}_r),$$

wobei $\underline{x}_i, \underline{y}_i \in V_i$ und $a, b \in K$ ist.

Im Falle $r = 2$ heißt φ auch eine **Bilinearform**.

Wir wollen die Menge der r-fachen Multilinearformen von $V_1, \ldots, V_2$ mit $\underline{Mul}(V_1, \ldots, V_r)$ bezeichnen. Gilt $V = V_1 = \ldots = V_r$, so schrei-

ben wir statt dessen $\underline{\mathrm{Mul}}_r(V)$ und sprechen von den r-fachen Multilinearformen von V. Es ist $\underline{\mathrm{Mul}}_1(V) = \underline{\mathrm{Lin}}(V,K)$.

<u>Beispiel 2.18:</u> V sei ein K-Vektorraum. Die Abbildung
$\beta : \underline{\mathrm{Lin}}(V,K) \times V \to K$, gegeben durch $\beta(f,\underline{x}) = f(\underline{x})$ für jedes $f \in \underline{\mathrm{Lin}}(V,K)$
und jedes $\underline{x} \in V$, ist eine Bilinearform. ($\underline{\mathrm{Lin}}(V,K)$ ist, wie verein-
bart, mit der in Satz 2.5 definierten Vektorraumstruktur versehen.)

<u>Beispiel 2.19:</u> Für $i = 1,\ldots,r$ seien V_i K-Vektorräume und $f_i : V_i \to K$
Linearformen.

Dann ist die Abbildung $\varphi : \overset{r}{\underset{i=1}{\times}} V_i \to K$, definiert durch

$$\varphi(\underline{x}_1,\ldots,\underline{x}_r) = \prod_{i=1}^{r} f_i(\underline{x}_i),$$

eine Multilinearform, wie sich u.a. aus dem auf K gültigen Distributivgesetz ergibt.

<u>Beispiel 2.20:</u> Für $i = 1,\ldots,r$ seien V_i, U_i K-Vektorräume und
$f_i : V_i \to U_i$ lineare Abbildungen. Ist dann $\psi : \overset{r}{\underset{i=1}{\times}} U_i \to K$ eine Multilinearform, so ist es auch $\bar{\psi} : \overset{r}{\underset{i=1}{\times}} V_i \to K$, gegeben durch

$$\bar{\psi}(\underline{v}_1,\ldots,\underline{v}_r) = \psi(f_1(\underline{v}_1),\ldots,f_r(\underline{v}_r)) \quad (\underline{v}_i \in V).$$

Später benötigen wir den folgenden Spezialfall: U und V seien K-Vektorräume, $f : V \to U$ eine lineare Abbildung. Zu jeder Bilinearform
$\beta : U \times U \to K$ können dann Bilinearformen $\beta' : V \times U \to K$ und $\beta'' : U \times V \to K$
angegeben werden, die durch $\beta'(\underline{v},\underline{u}) = \beta(f(\underline{v}),\underline{u})$ und $\beta''(\underline{u},\underline{v}) =$
$\beta(\underline{u},f(\underline{v}))$ $(\underline{u} \in U, \underline{v} \in V)$ definiert sind.

Wir betrachten $\underline{\mathrm{Abb}}\left(\overset{r}{\underset{i=1}{\times}} V_i, K\right)$ mit der in Beispiel 2.9 angegebenen
Vektorraumstruktur als K-Vektorraum. Es ist unmittelbar zu er-
kennen, daß $\underline{\mathrm{Mul}}(V_1,\ldots,V_r)$ einen Unterraum davon bildet. Das bedeutet also: Auf $\underline{\mathrm{Mul}}(V_1,\ldots,V_r)$ sind durch die Vorschriften

$$(\varphi + \psi)(\underline{x}_1, \ldots, \underline{x}_r) = \varphi(\underline{x}_1, \ldots, \underline{x}_r) + \psi(\underline{x}_1, \ldots, \underline{x}_r)$$

und

$$(a\varphi)(\underline{x}_1, \ldots, \underline{x}_r) = a\varphi(\underline{x}_1, \ldots, \underline{x}_r)$$

für jedes $(\underline{x}_1, \ldots, \underline{x}_r) \in \underset{i=1}{\overset{r}{\times}} V_i \quad (a \in K; \varphi, \psi \in \underline{Mul}(V_1, \ldots, V_r))$

Vektoraddition und Skalarmultiplikation erklärt.

In diesem Sinne wollen wir in Zukunft vom V e k t o r r a u m d e r
r - f a c h e n M u l t i l i n e a r f o r m e n von $V_1, \ldots, V_r$ sprechen.

Wir beschreiben nun eine Möglichkeit, aus $(r - 1)$-fachen Multilinearformen und linearen Abbildungen r-fache Multilinearformen
zu gewinnen:

Es seien $V_1, \ldots, V_r \ (r \geqslant 2)$ K-Vektorräume. Für jede lineare Ab-
bildung $f : V_r \to \underline{Mul}(V_1, \ldots, V_{r-1})$ ist die Abbildung $\varphi_f : \underset{i=1}{\overset{r}{\times}} V_i \to K$,
definiert durch $\varphi_f(\underline{x}_1, \ldots, \underline{x}_{r-1}, \underline{x}_r) = f(\underline{x}_r)(\underline{x}_1, \ldots, \underline{x}_{r-1}) \ (\underline{x}_i \in V_i)$,
eine Multilinearform: Die Linearität an den Stellen $i = 1, \ldots, r - 1$
ist offensichtlich, und für $i = r$ folgt sie sofort aus der Linearität
von f.

Durch $j_r(f) = \varphi_f$ ist daher eine Abbildung j_r von $\underline{Lin}(V_r, \underline{Mul}(V_1, \ldots, V_{r-1}))$
in $\underline{Mul}(V_1, \ldots, V_r)$ erklärt. Wir wollen noch zeigen, daß j_r surjektiv
ist:

Es sei $\psi \in \underline{Mul}(V_1, \ldots, V_r)$. Für jedes $\underline{x} \in V_r$ ist die Abbildung

$\psi_{\underline{x}} : \underset{i=1}{\overset{r-1}{\times}} V_i \to K$, gegeben durch $\psi_{\underline{x}}(\underline{x}_1, \ldots, \underline{x}_{r-1}) = \psi(\underline{x}_1, \ldots, \underline{x}_{r-1}, \underline{x})$

$(\underline{x}_i \in V_i$ für $1 \leqslant i \leqslant r - 1)$ eine Multilinearform, und die Abbildung
$h : V_r \to \underline{Mul}(V_1, \ldots, V_{r-1})$ mit $h(\underline{x}) = \psi_{\underline{x}}$ linear. Da offenbar $j_r(h) = \psi$
gilt, so ist die Surjektivität von j_r gezeigt.)

(Es sei dem Leser als Übungsaufgabe überlassen, auch Injektivität
und Linearität von j_r nachzuweisen.)

Wir benutzen nun die uns schon bekannte Tatsache der linearen Fortsetzbarkeit (s. Satz 2.20), um den folgenden Fortsetzungssatz für
Multilinearformen zu beweisen.

$\underline{\text{Satz 2.27}}$: $V_1,\ldots,V_r$ seien endlichdimensionale K-Vektorräume $(\dim V_i \geqslant 1)$, und für $i = 1,\ldots,r$ sei B_i eine Basis von V_i. Dann gibt es zu jeder Abbildung $\varphi_0 \colon \underset{i=1}{\overset{r}{\times}} B_i \to K$ genau eine Multilinear-form $\varphi \in \underline{\text{Mul}}(V_1,\ldots,V_r)$ mit $\varphi \Big| \underset{i=1}{\overset{r}{\times}} B_i = \varphi_0$.

$\underline{\text{Beweis}}$: Wir führen den Beweis mit Hilfe vollständiger Induktion nach r.

Für r = 1 ist die Behauptung bereits mit dem Satz über lineare Fortsetzung bewiesen.

Wir nehmen nun an, die Aussage sei richtig für $r \in \underline{N}$ und zeigen daraus ihre Gültigkeit für r + 1.

Es seien also $V_1,\ldots,V_{r+1}$ K-Vektorräume mit endlichen Basen $B_1,\ldots,B_{r+1}$, und es sei φ_0 eine Abbildung von $\underset{i=1}{\overset{r+1}{\times}} B_i$ in K. Die verschiedenen Elemente der Basis B_{r+1} wollen wir mit $\underline{e}_1,\ldots,\underline{e}_n$ bezeichnen. Zu jedem $k \in \{1,\ldots,n\}$ definieren wir nun eine Abbildung

$\varphi_k \colon \underset{i=1}{\overset{r}{\times}} B_i \to K$ durch $\varphi_k(\underline{b}_1,\ldots,\underline{b}_r) = \varphi_0(\underline{b}_1,\ldots,\underline{b}_r,\underline{e}_k)$ für alle

$(\underline{b}_1,\ldots,\underline{b}_r) \in \underset{i=1}{\overset{r}{\times}} B_i$. Dazu gibt es nach Induktionsvoraussetzung eine Multilinearform $\psi_k \in \underline{\text{Mul}}(V_1,\ldots,V_r)$, die φ_k fortsetzt. Mit f bezeichnen wir diejenige lineare Abbildung von V_{r+1} in $\underline{\text{Mul}}(V_1,\ldots,V_r)$, die auf der Basis B_{r+1} durch $f(\underline{e}_k) = \psi_k$ für $k = 1,\ldots, n$ gegeben ist (und damit eindeutig auf ganz V_{r+1} festliegt). Wir behaupten: $\varphi = j_{r+1}(f) \in \underline{\text{Mul}}(V_1,\ldots,V_{r+1})$ ist die gesuchte Fortsetzung von φ_0; dabei ist $j_{r+1} \colon \underline{\text{Lin}}(V_{r+1},\underline{\text{Mul}}(V_1,\ldots,V_r)) \to \underline{\text{Mul}}(V_1,\ldots,V_{r+1})$ die in der Vorbemerkung zu diesem Satz definierte Abbildung.

Für ein beliebiges Element $(\underline{b}_1,\ldots,\underline{b}_r,\underline{e}_k) \in \underset{i=1}{\overset{r+1}{\times}} B_i$ ist nämlich

$$\varphi(\underline{b}_1,\ldots,\underline{b}_r,\underline{e}_k) = f(\underline{e}_k)(\underline{b}_1,\ldots,\underline{b}_r) =$$
$$\psi_k(\underline{b}_1,\ldots,\underline{b}_r) = \varphi_0(\underline{b}_1,\ldots,\underline{b}_r,\underline{e}_k).$$

Also ist $\varphi \left| \underset{i=1}{\overset{r+1}{\times}} B_i = \varphi_0 \right.$.

Die Eindeutigkeit von φ ergibt sich aus folgender Rechnung: Es sei

$\varphi' : \underset{i=1}{\overset{r+1}{\times}} V_i \to K$ eine weitere Abbildung mit den Eigenschaften, Fort-

setzung von φ_0 zu sein und zu $\underline{\mathrm{Mul}}(V_1, \ldots, V_{r+1})$ zu gehören. Da j_{r+1}
surjektiv ist, gibt es ein $f' \in \underline{\mathrm{Lin}}(V_{r+1}, \underline{\mathrm{Mul}}(V_1, \ldots, V_r))$ mit $j_{r+1}(f') = \varphi'$.

Für jedes $k = 1, \ldots, n$ ist dann $f(\underline{e}_k) \left| \underset{i=1}{\overset{r}{\times}} B_i = f'(\underline{e}_k) \right| \underset{i=1}{\overset{r}{\times}} B_i$. Nach

Induktionsvoraussetzung gilt dann $f(\underline{e}_k) = f'(\underline{e}_k)$. Für die linearen
Abbildungen f und f' ist also $f|B_{r+1} = f'|B_{r+1}$, mithin $f = f'$. Da-
raus folgt schließlich $\varphi = j_{r+1}(f) = j_{r+1}(f') = \varphi'$.

Unter den Voraussetzungen des vorangehenden Satzes konstruieren
wir für den K-Vektorraum $\underline{\mathrm{Mul}}(V_1, \ldots, V_r)$ eine Basis:

Für $(\underline{b}_1, \ldots, \underline{b}_r) \in \underset{i=1}{\overset{r}{\times}} B_i$ wollen wir vorübergehend $\underline{b} = (\underline{b}_1, \ldots, \underline{b}_r)$
schreiben.

Zu jedem $\underline{b} \in \underset{i=1}{\overset{r}{\times}} B_i$ sei $\psi_{\underline{b}} : \underset{i=1}{\overset{r}{\times}} V_i \to K$ diejenige Multilinearform

mit $\psi_{\underline{b}}(\underline{b}) = 1$ und $\psi_{\underline{b}}(\underline{b}') = 0$ für $b' \in \underset{i=1}{\overset{r}{\times}} B_i$ und $\underline{b}' \neq \underline{b}$. Nach dem

eben Bewiesenen gibt es eine solche Multilinearform, und diese ist
darüber hinaus eindeutig bestimmt. Je zwei verschiedene r-tupel definieren auch verschiedene Abbildungen. Daher enthält die Menge

$$\Psi = \{ \psi_{\underline{b}} \mid \underline{b} \in \underset{i=1}{\overset{r}{\times}} B_i \}$$

gerade $\underset{i=1}{\overset{r}{\prod}} \dim V_i$ verschiedene Elemente.

Ψ ist ein Erzeugendensystem von $\underline{\text{Mul}}(V_1,\ldots,V_r)$; denn jedes $\varphi \in \underline{\text{Mul}}(V_1,\ldots,V_r)$ ist darstellbar in der Form

$$\varphi = \sum_{\underline{b}} \varphi(\underline{b})\psi_{\underline{b}} \ ,$$

wovon man sich durch Einsetzen der Elemente aus $\overset{r}{\underset{i=1}{\times}} B_i$ überzeugt.

Umgekehrt ist dies aber auch die einzig mögliche Darstellung; denn aus $\varphi = \sum_{\underline{b}} a_{\underline{b}}\psi_{\underline{b}}$ $(a_{\underline{b}} \in K)$ folgt sofort $a_{\underline{b}} = \varphi(\underline{b})$. Daher ist Ψ auch linear unabhängig und somit eine Basis von $\underline{\text{Mul}}(V_1,\ldots,V_r)$.

Gibt es unter den Vektorräumen $V_1,\ldots,V_r$ einen der Dimension 0, so überlegt man sich leicht, daß $\underline{\text{Mul}}(V_1,\ldots,V_r)$ dann nur die Nullabbildung enthalten kann.

Wir haben damit den folgenden Satz bewiesen:

<u>Satz 2.28</u>: Sind $V_1,\ldots,V_r$ endlich erzeugbare K-Vektorräume, so ist auch der K-Vektorraum $\underline{\text{Mul}}(V_1,\ldots,V_r)$ endlich erzeugbar, und es gilt

$$\dim \underline{\text{Mul}}(V_1,\ldots,V_r) = \prod_{i=1}^{r} \dim V_i .$$

3. Matrizen

3.1. Koordinatendarstellung endlichdimensionaler Vektorräume

Zu jedem Körper K und jeder natürlichen Zahl n haben wir einen
K-Vektorraum der Dimension n angegeben, nämlich den arithmetischen Vektorraum K^n. Er nimmt aufgrund seiner Konstruktion
direkt aus dem Körper K unter den n-dimensionalen Vektorräumen
über K eine besondere Stellung ein.

Wir wiederholen noch einmal kurz: Die Elemente a von K^n sind
n-tupel, gebildet aus Körperelementen, die wir als Spalten

$$a = \begin{pmatrix} a_1 \\ \vdots \\ a_n \end{pmatrix} \qquad (a_i \in K)$$

schreiben wollten.

Vektoraddition und Skalarmultiplikation wurden mit Hilfe der auf
K erklärten Addition und Multiplikation komponentenweise definiert
(s. Beispiel 2.10).

K^n besitzt in

$$E_n = \left\{ e_1^{(n)}, \ldots, e_n^{(n)} \right\} \quad \text{mit} \quad e_k^{(n)} = \begin{pmatrix} \delta_{1k} \\ \vdots \\ \delta_{nk} \end{pmatrix}$$

$(1 \leqslant k \leqslant n)$ eine ausgezeichnete Basis (s. die Beispiele 2.13, 2.15,
2.17). Die Numerierung der n Elemente ergibt sich dabei zwang-
los. Wir werden E_n die **natürliche Basis** von K^n nennen.

Die eindeutige lineare Darstellung eines Vektors $a = \begin{pmatrix} a_1 \\ \vdots \\ a_n \end{pmatrix} \in K^n$ bezüglich E_n ist unmittelbar durch

$$a = \sum_{k=1}^{n} a_k e_k^{(n)}$$

gegeben.

Der Vektor $e_k^{(n)}$ heißt auch **k-ter Einheitsvektor** von K^n. Ist keine Verwechslung mit den Einheitsvektoren von arithmetischen Vektorräumen anderer Dimension möglich, so schreiben wir statt $e_k^{(n)}$ auch nur e_k.

Nun sei V ein beliebiger K-Vektorraum der Dimension $n \neq 0$. Dann gibt es Isomorphismen von V auf den arithmetischen Raum K^n. Es sei $j : V \to K^n$ ein solcher Isomorphismus. Wir wollen klären, welche Bedeutung der Spaltenvektor $j(\underline{x})$ für jedes $\underline{x} \in V$ hat:

Die Menge

$$B = \{\underline{e}_1, \ldots, \underline{e}_n\} \quad \text{mit} \quad j^{-1}\left(e_k^{(n)}\right) = \underline{e}_k \quad (1 \leq k \leq n)$$

ist eine Basis von V. Darum hat jeder Vektor $\underline{x} \in V$ eine eindeutige Darstellung der Form

$$\underline{x} = \sum_{k=1}^{n} x_k \underline{e}_k, \qquad x_k \in K.$$

Daraus ergibt sich

$$j(\underline{x}) = \begin{pmatrix} x_1 \\ \cdot \\ \cdot \\ \cdot \\ x_n \end{pmatrix},$$

d.h. die k-te Komponente von $j(\underline{x})$ ist gerade der bei $\underline{e}_k$ stehende Koeffizient in der Darstellung von $\underline{x}$ als Linearkombination der $\underline{e}_i$.

Wir führen nun die folgenden Bezeichnungen ein:

Ein Isomorphismus $j : V \to K^n$ des n-dimensionalen K-Vektorraums V
auf den arithmetischen Vektorraum K^n soll eine K o o r d i n a t e n d a r -
s t e l l u n g   v o n   V heißen.

Für $\underline{x} \in V$ wollen wir $j(\underline{x}) = \begin{pmatrix} x_1 \\ \vdots \\ x_n \end{pmatrix}$ den zu $\underline{x}$ gehörigen K o o r d i n a -
t e n v e k t o r und x_k die k-te K o o r d i n a t e von $\underline{x}$ bezüglich j
nennen.

Ist B eine Basis von V, so sagen wir auch, j sei eine zu B g e h ö r i g e
K o o r d i n a t e n d a r s t e l l u n g , wenn $j[B] = E_n$ gilt. (Daß es stets
derartige Koordinatendarstellungen zu B gibt, ist leicht zu sehen:
Man wähle eine Abbildung der n-elementigen Menge B auf die n-elementige Menge E_n und setze diese linear fort.)

3.2. Der Matrizenkalkül

Wir haben im vorangehenden Abschnitt gesehen, welche besondere Rolle die arithmetischen Vektorräume K^n unter den endlichdimensionalen Vektorräumen spielen. Unser Interesse gilt nun den
Abbildungsräumen $\underline{\mathrm{Lin}}(K^n, K^m)$, denen wir eine ähnliche Sonderstel-
lung unter den Räumen linearer Abbildungen endlichdimensionaler
Vektorräume zuweisen wollen (s. Abschnitt 3.3).

K sei ein Körper, n und m seien natürliche Zahlen. Wir werden
die Elemente von $\underline{\mathrm{Lin}}(K^n, K^m)$ von nun an mit großen Frakturbuch-
staben bezeichnen.

Es sei $\mathfrak{A} \in \underline{\mathrm{Lin}}(K^n, K^m)$. Das Bild jedes Einheitsvektors $e_k^{(n)}$ $(1 \leqslant k \leqslant n)$
unter $\mathfrak{A}$ hat bezüglich der Basis $E_m = \left\{ e_1^{(m)}, \ldots, e_m^{(m)} \right\}$ in K^m eine
Darstellung als Linearkombination

$$\mathfrak{A}\left(e_k^{(n)} \right) = \sum_{i=1}^{m} a_{ik} e_i^{(m)}, \qquad a_{ik} \in K,$$

die überdies eindeutig ist. Es gibt also zu $\mathfrak{A}$ eine und nur eine Familie $(a_{ik})_{(1 \leqslant i \leqslant m, 1 \leqslant k \leqslant n)}$ von Körperelementen, so daß für

alle $k = 1, \ldots, n$

$$\mathfrak{A}\left(e_k^{(n)}\right) = \begin{pmatrix} a_{1k} \\ \cdot \\ \cdot \\ \cdot \\ a_{mk} \end{pmatrix}$$

gilt.

Damit ist eine Abbildung von der Menge $\underline{\mathrm{Lin}}(K^n, K^m)$ in die Menge der Familiien $(x_{ik})_{(1 \leqslant i \leqslant m, 1 \leqslant k \leqslant n)}$ von Elementen aus K bestimmt, von der man mit Hilfe des Satzes 2.20 über lineare Fortsetzung sofort zeigen kann, daß sie bijektiv ist.

Diese Vorbemerkung rechtfertigt den nun folgenden Schritt:

Es sei $\mathfrak{A} \in \underline{\mathrm{Lin}}(K^n, K^m)$ und $(a_{ik})_{(1 \leqslant i \leqslant m, 1 \leqslant k \leqslant n)}$ die zu $\mathfrak{A}$ gehörige Familie von Körperelementen mit

$$\mathfrak{A}\left(e_k^{(n)}\right) = \begin{pmatrix} a_{1k} \\ \cdot \\ \cdot \\ \cdot \\ a_{mk} \end{pmatrix} \qquad (1 \leqslant k \leqslant n). \qquad\qquad (3.1)$$

Dann schreiben wir

$$\mathfrak{A} = \begin{pmatrix} a_{11} & a_{12} & \cdots & a_{1n} \\ a_{21} & a_{22} & \cdots & a_{2n} \\ \vdots & \vdots & & \vdots \\ a_{m1} & a_{m2} & \cdots & a_{mn} \end{pmatrix}$$

oder abkürzend

$$\mathfrak{A} = ((a_{ik}))$$

und nennen $\mathfrak{A}$ dann - wie üblich - M a t r i x .

Wir stellen $\mathfrak{A} \in \underline{\mathrm{Lin}}(K^n, K^m)$ also in Form eines aus Körperelementen gebildeten rechteckigen Schemas dar, dessen Bedeutung durch die Bedingung (3.1) festgelegt ist.

Um auszudrücken, daß $\mathfrak{A}$ zu $\underline{\mathrm{Lin}}(K^n, K^m)$ gehört, sagt man auch, $\mathfrak{A}$ sei eine Matrix mit m Zeilen und n Spalten oder einfach, $\mathfrak{A}$ sei eine (m, n) - M a t r i x   über K .

Die Skalare a_{ik} werden (nicht ganz konsequent) die E l e m e n t e
von $\mathfrak{A}$ genannt.

Nachdem wir die künftige Terminologie festgelegt haben, prüfen wir
nun, wie sich die Verknüpfungen, die wir für lineare Abbildungen
kennengelernt haben, auf die Elemente der Matrizen auswirken (s.
Abschnitt 2.5).

Wir betrachten zunächst den K-Vektorraum $\underline{\text{Lin}}(K^n, K^m)$ mit seiner
Vektoraddition und Skalarmultiplikation.

Es seien $\mathfrak{A} = ((a_{ik}))$, $\mathfrak{B} = ((b_{ik}))$ aus $\underline{\text{Lin}}(K^n, K^m)$ und c aus K.

(1) Es gilt $\mathfrak{A} = \mathfrak{B}$ genau dann, wenn $a_{ik} = b_{ik}$ für $i = 1, \ldots, m$ und
$k = 1, \ldots, n$ ist.

(2) Die Matrix $\mathfrak{C} = \mathfrak{A} + \mathfrak{B}$ aus $\underline{\text{Lin}}(K^n, K^m)$ heißt die S u m m e von
$\mathfrak{A}$ und $\mathfrak{B}$. Die Elemente von $\mathfrak{C} = ((c_{ik}))$ sind gegeben durch

$$c_{ik} = a_{ik} + b_{ik}$$

$(1 \leqslant i \leqslant m, 1 \leqslant k \leqslant n)$.

(3) Es sei $\mathfrak{C} = c\mathfrak{A}$. Die Elemente der Matrix $\mathfrak{C} = ((c_{ik})) \in \underline{\text{Lin}}(K^n, K^m)$
sind gegeben durch

$$c_{ik} = c\, a_{ik}$$

$(1 \leqslant i \leqslant m, 1 \leqslant k \leqslant n)$.

Nun sei $\mathfrak{B} = ((b_{ik}))$ aus $\underline{\text{Lin}}(K^n, K^m)$ und $\mathfrak{A} = ((a_{ji}))$ aus $\underline{\text{Lin}}(K^m, K^r)$.
Zu $\mathfrak{A}$ und $\mathfrak{B}$ haben wir die Komposition $\mathfrak{A} \circ \mathfrak{B} \in \underline{\text{Lin}}(K^n, K^r)$ durch
$\mathfrak{A} \circ \mathfrak{B}(\mathfrak{x}) = \mathfrak{A}(\mathfrak{B}(\mathfrak{x}))$ für alle $\mathfrak{x} \in K^n$ definiert. Hier, im Falle der
Matrizen, schreibt man statt $\mathfrak{A} \circ \mathfrak{B}$ gewöhnlich $\mathfrak{A}\mathfrak{B}$ und spricht von
M a t r i z e n m u l t i p l i k a t i o n .

(4) Die Matrix $\mathfrak{C} = \mathfrak{A}\mathfrak{B}$ aus $\underline{\text{Lin}}(K^n, K^r)$ heißt das P r o d u k t von $\mathfrak{A}$
und $\mathfrak{B}$. Die Elemente von $\mathfrak{C} = ((c_{jk}))$ sind gegeben durch

$$c_{jk} = \sum_{i=1}^{m} a_{ji} b_{ik}$$

$(1 \leqslant j \leqslant r, 1 \leqslant k \leqslant n)$.

Das Produkt $\mathfrak{A}\mathfrak{B}$ zweier Matrizen $\mathfrak{A}$ und $\mathfrak{B}$ ist immer dann erklärt, wenn die Anzahl der Zeilen von $\mathfrak{B}$ gleich der Anzahl der Spalten von $\mathfrak{A}$ ist.

Wir haben noch die unter (2), (3) und (4) genannten Beziehungen zu bestätigen.

Zu (2) und (3): Für $k = 1, \ldots, n$ ist

$$(\mathfrak{A} + \mathfrak{B})\left(e_k^{(n)}\right) = \mathfrak{A}\left(e_k^{(n)}\right) + \mathfrak{B}\left(e_k^{(n)}\right)$$

$$= \sum_{i=1}^{m} a_{ik} e_i^{(m)} + \sum_{i=1}^{m} b_{ik} e_i^{(m)}$$

$$= \sum_{i=1}^{m} (a_{ik} + b_{ik}) e_i^{(m)}$$

und

$$(c\mathfrak{A})\left(e_k^{(n)}\right) = c\mathfrak{A}\left(e_k^{(n)}\right) = c\left(\sum_{i=1}^{m} a_{ik} e_i^{(m)}\right) =$$

$$= \sum_{i=1}^{m} ca_{ik} e_i^{(m)}.$$

Daraus folgen (2) und (3).

Zu (4): Für $k = 1, \ldots, n$ ist

$$\mathfrak{A}\mathfrak{B}\left(e_k^{(n)}\right) = \mathfrak{A}\left(\mathfrak{B}\left(e_k^{(n)}\right)\right)$$

$$= \mathfrak{A}\left(\sum_{i=1}^{m} b_{ik} e_i^{(m)}\right)$$

$$= \sum_{i=1}^{m} b_{ik}\mathfrak{A}\left(e_i^{(m)}\right)$$

$$= \sum_{i=1}^{m} b_{ik}\left(\sum_{j=1}^{r} a_{ji}e_j^{(r)}\right)$$

$$= \sum_{j=1}^{r} \left(\sum_{i=1}^{m} a_{ji}b_{ik}\right)e_j^{(r)}.$$

Daraus ergibt sich (4).

Die Nullabbildung von K^n in K^m heißt auch N u l l m a t r i x . Sie wird mit $\mathfrak{O}$ bezeichnet; ihre Elemente sind offenbar alle 0.

Der Leser mag sich an dieser Stelle noch einmal die Gesetze in Erinnerung rufen, die auf $\underline{\mathrm{Lin}}(K^n,K^m)$ bezüglich Addition und Skalarmultiplikation gelten (s. Abschnitt 2.2).

Die Matrizenmultiplikation ist assoziativ: Es sei $\mathfrak{A}$ eine (s,r)-, $\mathfrak{B}$ eine (r,m)- und $\mathfrak{C}$ eine (m,n)-Matrix über K; dann gilt für die (s,n)-Matrizen $\mathfrak{A}(\mathfrak{B}\mathfrak{C})$ und $(\mathfrak{A}\mathfrak{B})\mathfrak{C}$

$$\mathfrak{A}(\mathfrak{B}\mathfrak{C}) = (\mathfrak{A}\mathfrak{B})\mathfrak{C}.$$

Unter dem Rang einer (m,n)-Matrix $\mathfrak{A}$ versteht man nach Abschnitt 2.11 die Dimension des Unterraumes $\mathscr{L}\{\mathfrak{A}(e_1^{(n)}),\ldots,\mathfrak{A}(e_n^{(n)})\}$ von K^m. Ist Rang $\mathfrak{A} = r$, dann gibt es in $\{\mathfrak{A}(e_1^{(n)}),\ldots,\mathfrak{A}(e_n^{(n)})\}$ eine r-elementige linear unabhängige Teilmenge, während jede $(r + 1)$-elementige Teilmenge linear abhängig ist.

Für Matrizen $\mathfrak{A} \in \underline{\mathrm{Lin}}(K^n,K^m)$ und $\mathfrak{B} \in \underline{\mathrm{Lin}}(K^p,K^n)$ ist

$$\text{Rang } \mathfrak{A} \leqslant \min(n,m)$$

und nach Satz 2.25

$$\text{Rang } \mathfrak{A} + \text{Rang } \mathfrak{B} - n \leqslant \text{Rang}(\mathfrak{A}\mathfrak{B}) \leqslant \min(\text{Rang } \mathfrak{A}, \text{Rang } \mathfrak{B}).$$

Speziell gilt:

$$\mathrm{Rang}(\mathfrak{A}\mathfrak{B}) = \mathrm{Rang}\,\mathfrak{A} \text{ genau dann, wenn Rang }\mathfrak{B} = n,$$

$$\mathrm{Rang}(\mathfrak{A}\mathfrak{B}) = \mathrm{Rang}\,\mathfrak{B} \text{ genau dann, wenn Rang }\mathfrak{A} = n.$$

Wir wollen nun zusammenstellen, was zusätzlich über diejenigen Matrizen gesagt werden kann, die gleiche Spalten- und Zeilenanzahl haben, die also q u a d r a t i s c h sind. Wir haben es dabei mit den Endomorphismen auf den arithmetischen Vektorräumen zu tun.

Wir wissen aus Abschnitt 2.5, daß Addition und Multiplikation von Matrizen eine Ringstruktur auf $\underline{\mathrm{Lin}}(K^n,K^n)$ definieren. $\underline{\mathrm{Lin}}(K^n,K^n)$ bildet außerdem mit der äußeren Verknüpfung der Skalarmultiplikation versehen eine K-Algebra.

Man wiederhole auch hier die zu den entsprechenden Strukturen gehörenden Gesetzmäßigkeiten.

Die multiplikative Verknüpfung auf $\underline{\mathrm{Lin}}(K^n,K^n)$ ist i.allg. nicht kommutativ; denn für $n \geqslant 2$ können $\mathfrak{A},\mathfrak{B} \in \underline{\mathrm{Lin}}(K^n,K^n)$ immer so gefunden werden, daß $\mathfrak{A}\mathfrak{B} \neq \mathfrak{B}\mathfrak{A}$ ist, wie man sich sofort überlegt.

$\mathfrak{A}$ und $\mathfrak{B}$ heißen v e r t a u s c h b a r , wenn $\mathfrak{A}\mathfrak{B} = \mathfrak{B}\mathfrak{A}$ ist.

Man sieht auch leicht, daß in $\underline{\mathrm{Lin}}(K^n,K^n)$ mit $n \geqslant 2$ stets von der Nullmatrix verschiedene Matrizen $\mathfrak{A}$ und $\mathfrak{B}$ mit $\mathfrak{A}\mathfrak{B} = \mathfrak{O}$ existieren. Ein einfaches Beispiel für $n = 2$:

$$\begin{pmatrix} 1 & 0 \\ 0 & 0 \end{pmatrix} \begin{pmatrix} 0 & 0 \\ 0 & 1 \end{pmatrix} = \begin{pmatrix} 0 & 0 \\ 0 & 0 \end{pmatrix}$$

Das unterscheidet den Ring $\underline{\mathrm{Lin}}(K^n,K^n)$ etwa vom Ring der ganzen Zahlen. Man sagt auch, er besitze N u l l t e i l e r .

Der Ring $\underline{\mathrm{Lin}}(K^n,K^n)$ hat ein Einselement. Es ist diejenige Matrix $\mathfrak{E}$, für die $\mathfrak{E}(e_k^{(n)}) = e_k^{(n)}$ $(1 \leqslant k \leqslant n)$ gilt. Also ist

$$\mathfrak{E} = ((\delta_{ik})) = \begin{pmatrix} 1 & 0 & 0 & \dots & 0 \\ 0 & 1 & 0 & \dots & 0 \\ 0 & 0 & 1 & \dots & 0 \\ \multicolumn{5}{c}{\dots\dots\dots\dots} \\ 0 & 0 & 0 & \dots & 1 \end{pmatrix}.$$

Mann nennt $\mathfrak{E}$ **Einheitsmatrix**. $\mathfrak{E}$ ist dadurch charakterisiert, daß für $\mathfrak{A} \in \underline{\mathrm{Lin}}(K^n, K^m)$ und $\mathfrak{B} \in \underline{\mathrm{Lin}}(K^r, K^n)$ immer

$$\mathfrak{A}\mathfrak{E} = \mathfrak{A} \quad \text{und} \quad \mathfrak{E}\mathfrak{B} = \mathfrak{B}$$

ist.

Ist $\mathfrak{A} \in \underline{\mathrm{Lin}}(K^n, K^n)$ bijektiv - also ein Automorphismus - , so nennen wir $\mathfrak{A}$ auch eine **reguläre** oder **nichtsinguläre**, andernfalls eine **singuläre** Matrix.

Zu jeder nichtsingulären Matrix $\mathfrak{A} \in \underline{\mathrm{Lin}}(K^n, K^n)$ ist die **inverse Matrix** $\mathfrak{A}^{-1} \in \underline{\mathrm{Lin}}(K^n, K^n)$ definiert, die durch die Eigenschaft

$$\mathfrak{A}\mathfrak{A}^{-1} = \mathfrak{A}^{-1}\mathfrak{A} = \mathfrak{E}$$

eindeutig bestimmt ist. $\mathfrak{A}^{-1}$ ist auch nichtsingulär.

Die Multiplikation auf $\underline{\mathrm{Lin}}(K^n, K^n)$ induziert auf der Menge der nichtsingulären Matrizen eine innere Verknüpfung, mit der diese eine Gruppe bildet, die sog. **lineare Gruppe** (s. Satz 2.7). Ihr neutrales Element ist die Einheitsmatrix $\mathfrak{E}$.

Für Elemente $\mathfrak{A}$, $\mathfrak{B}$ der linearen Gruppe ist $(\mathfrak{A}\mathfrak{B})^{-1} = \mathfrak{B}^{-1}\mathfrak{A}^{-1}$ und $(\mathfrak{A}^{-1})^{-1} = \mathfrak{A}$.

Nach Abschnitt 2.11 sind folgende Aussagen für $\mathfrak{A} \in \underline{\mathrm{Lin}}(K^n, K^n)$ äquivalent:

(a) $\mathfrak{A}$ ist nichtsingulär.

(b) Rang $\mathfrak{A} = n$.

(c) Es gibt eine Matrix $\mathfrak{B} \in \underline{\mathrm{Lin}}(K^n, K^n)$ mit $\mathfrak{A}\mathfrak{B} = \mathfrak{E}$.

(d) Es gibt eine Matrix $\mathfrak{B} \in \underline{\mathrm{Lin}}(K^n, K^n)$ mit $\mathfrak{B}\mathfrak{A} = \mathfrak{E}$.

Wir betrachten noch die ausgearteten Fälle der $(1,n)$-, $(n,1)$- und $(1,1)$-Matrizen über K.

Die einzeiligen $(1,n)$-Matrizen sind gerade die Linearformen von K^n.

Unter den Isomorphismen des Vektorraums $\underline{\text{Lin}}(K,K^n)$ der einspaltigen Matrizen auf den Vektorraum K^n gibt es einen ausgezeichneten Isomorphismus I_n. Er ist durch

$$I_n(\mathfrak{x}) = \mathfrak{x}(1) \quad \text{für alle} \quad \mathfrak{x} \in \underline{\text{Lin}}(K,K^n)$$

gegeben. Es ist $I_n^{-1}(\mathfrak{r})(1) = \mathfrak{r}$ für alle $\mathfrak{r} \in K^n$.

Die Abbildungen I_n haben die folgende Eigenschaft: Ist $\mathfrak{A} \in \underline{\text{Lin}}(K^n,K^m)$ und $\mathfrak{x} \in \underline{\text{Lin}}(K,K^n)$, so gilt

$$I_m(\mathfrak{A}\mathfrak{x}) = \mathfrak{A}\mathfrak{x}(1) = \mathfrak{A}(\mathfrak{x}(1)) = \mathfrak{A}(I_n(\mathfrak{x})).$$

Für $\mathfrak{r} \in K^n$ sei $\mathfrak{x} = I_n^{-1}(\mathfrak{r})$; dann ist also

$$\mathfrak{A}(\mathfrak{r}) = I_m(\mathfrak{A}\mathfrak{x}).$$

Wir identifizieren nun gelegentlich die Spaltenvektoren mit den ihnen durch die I_n umkehrbar eindeutig zugeordneten einspaltigen Matrizen und wenden dann den Matrizenkalkül auf sie an.

So nutzen wir beispielsweise die eben angeführte Eigenschaft der I_n aus und schreiben den Vektor $\mathfrak{A}(\mathfrak{r})$ $(\mathfrak{r} \in K^n)$ künftig in Form des Matrizenproduktes $\mathfrak{A}\mathfrak{r}$.

Für

$$\mathfrak{A} = ((a_{ik})) \in \underline{\text{Lin}}(K^n,K^m)$$

und

$$\mathfrak{r} = \begin{pmatrix} x_1 \\ \cdot \\ \cdot \\ \cdot \\ x_n \end{pmatrix} \in K^n$$

ist die i-te Komponente von

$$\mathfrak{A}\mathfrak{r} = \begin{pmatrix} y_1 \\ \cdot \\ \cdot \\ \cdot \\ y_m \end{pmatrix} \in K^m$$

gegeben durch

$$y_i = \sum_{k=1}^{n} a_{ik}x_k \qquad (1 \le i \le m).$$

Den Raum $\underline{\mathrm{Lin}}(K,K)$, der aus den $(1,1)$-Matrizen besteht, können wir in natürlicher Weise mit dem Körper K identifizieren.

Für das Folgende sei wieder $\mathfrak{A} = ((a_{ik}))$ aus $\underline{\mathrm{Lin}}(K^n,K^m)$. Zu natürlichen Zahlen $\beta_1,\ldots,\beta_p$ und $\alpha_1,\ldots,\alpha_q$ mit $1 \leqslant \beta_1 < \ldots < \beta_p \leqslant n$ und $1 \leqslant \alpha_1 < \ldots < \alpha_q \leqslant m$ ist eine Matrix $\mathfrak{u} \in \underline{\mathrm{Lin}}(K^p,K^q)$ durch

$$\mathfrak{u} = \begin{pmatrix} a_{\alpha_1\beta_1} & \cdots & a_{\alpha_1\beta_p} \\ \cdot & & \cdot \\ \cdot & & \cdot \\ a_{\alpha_q\beta_1} & \cdots & a_{\alpha_q\beta_p} \end{pmatrix}$$

bestimmt. $\mathfrak{u}$ heißt eine (q,p)-U n t e r m a t r i x von $\mathfrak{A}$. Es ist

$$\mathfrak{u} = \mathfrak{P}\mathfrak{A}\mathfrak{Z} \; ,$$

wobei $\mathfrak{Z} \in \underline{\mathrm{Lin}}(K^p,K^n)$ durch

$$\mathfrak{Z}\, e_j^{(p)} = e_{\beta_j}^{(n)} \qquad (1 \leqslant j \leqslant p)$$

und $\mathfrak{P} \in \underline{\mathrm{Lin}}(K^m,K^q)$ durch

$$\mathfrak{P} e_i^{(m)} = \begin{cases} 0 & \text{für} \quad i \notin \{\alpha_1,\ldots,\alpha_q\} \\[2mm] e_l^{(p)} & \text{für} \quad i = \alpha_l;\; 1 \leqslant l \leqslant q \end{cases}$$

definiert ist.

Wir hatten bereits von Zeilen und Spalten einer Matrix gesprochen. Diese Begriffe sollen nun präzisiert werden:

Die $(1,n)$-Untermatrizen von $\mathfrak{A}$ nennen wir die Z e i l e n , die $(m,1)$-Untermatrizen die S p a l t e n von $\mathfrak{A}$. Speziell heißt $(a_{i1} \ldots a_{in})$ i-te Zeile und $\begin{pmatrix} a_{1k} \\ \vdots \\ a_{mk} \end{pmatrix}$ k-te Spalte von $\mathfrak{A}$. Letztere können wir auch als den Vektor $\mathfrak{A}e_k^{(n)}$ auffassen.

Zum Abschluß dieses Abschnittes wollen wir noch auf eine nützliche Schreibweise eingehen, die häufig bei Zerlegung von Matrizen in sog. "Blöcke" angewendet wird. Dazu ein einfaches Beispiel:

Wir betrachten die $(m + r, n + q)$-Matrix

$$\mathfrak{M} = \begin{pmatrix} a_{11} & \cdots & a_{1n} & b_{11} & \cdots & b_{1q} \\ a_{m1} & \cdots & a_{mn} & b_{m1} & \cdots & b_{mq} \\ c_{11} & \cdots & c_{1n} & d_{11} & \cdots & d_{1q} \\ c_{r1} & \cdots & c_{rn} & d_{r1} & \cdots & d_{rq} \end{pmatrix},$$

die sich in diesem Fall aus vier Blöcken zusammensetzt. Mit den
Untermatrizen $\mathfrak{A} = ((a_{ik}))$, $\mathfrak{B} = ((b_{ik}))$, $\mathfrak{C} = ((c_{ik}))$ und $\mathfrak{D} = ((d_{ik}))$
schreibt man $\mathfrak{M}$ auch kurz in der Form

$$\mathfrak{M} = \begin{pmatrix} \mathfrak{A} & \mathfrak{B} \\ \mathfrak{C} & \mathfrak{D} \end{pmatrix}.$$

Diese Schreibweise erweist sich auch für das Rechnen mit Matrizen
als vorteilhaft. Es sei nämlich

$$\mathfrak{N} = \begin{pmatrix} a'_{11} & \cdots & a'_{1p} & b'_{11} & \cdots & b'_{1s} \\ a'_{n1} & \cdots & a'_{np} & b'_{n1} & \cdots & b'_{ns} \\ c'_{11} & \cdots & c'_{1p} & d'_{11} & \cdots & d'_{1s} \\ c'_{q1} & \cdots & c'_{qp} & d'_{q1} & \cdots & d'_{qs} \end{pmatrix}$$

eine zweite in vier Blöcke zerlegte Matrix, also mit den Untermatri-
zen $\mathfrak{A}' = ((a'_{ik}))$, $\mathfrak{B}' = ((b'_{ik}))$, $\mathfrak{C}' = ((c'_{ik}))$ und $\mathfrak{D}' = ((d'_{ik}))$, dann
zeigt ein Vergleich der Produktmatrix $\mathfrak{M}\mathfrak{N}$ mit dem formal gebildeten
Produkt der beiden $(2,2)$-Matrizen (alle auftretenden Matrizen sind
definiert), daß für $\mathfrak{M}\mathfrak{N}$ die Blockschreibweise

$$\mathfrak{M}\mathfrak{N} = \begin{pmatrix} \mathfrak{A} & \mathfrak{B} \\ \mathfrak{C} & \mathfrak{D} \end{pmatrix} \begin{pmatrix} \mathfrak{A}' & \mathfrak{B}' \\ \mathfrak{C}' & \mathfrak{D}' \end{pmatrix} = \begin{pmatrix} \mathfrak{A}\mathfrak{A}' + \mathfrak{B}\mathfrak{C}' & \mathfrak{A}\mathfrak{B}' + \mathfrak{B}\mathfrak{D}' \\ \mathfrak{C}\mathfrak{A}' + \mathfrak{D}\mathfrak{C}' & \mathfrak{C}\mathfrak{B}' + \mathfrak{D}\mathfrak{D}' \end{pmatrix}$$

gültig ist. Entsprechendes kann über Addition und Skalarmultiplikation
gesagt werden. Auch bei Zerlegungen in eine größere Anzahl von
Blöcken gelten derartige (entsprechend kompliziertere) Zusammenhänge.

<u>Aufgaben:</u> 1. Man gebe alle Matrizen $\mathfrak{X} \in \underline{\mathrm{Lin}}(K^2,K^2)$ an, für die

$$\mathfrak{X}^2 = \begin{pmatrix} 1 & a \\ 0 & 1 \end{pmatrix}$$

ist $(a \in K)$.

2. Die (n,n)-Matrizen $\mathfrak{A} = ((a_{ik}))$ und $\mathfrak{B} = ((b_{ik}))$ seien mit Hilfe der Binomialkoeffizienten (s. Anhang) durch

$$a_{ik} = \begin{pmatrix} i \\ k \end{pmatrix} \quad \text{und} \quad b_{ik} = (-1)^{i+k} \begin{pmatrix} i \\ k \end{pmatrix}$$

$(i,k = 1,\ldots,n)$ definiert. Es ist $\mathfrak{B} = \mathfrak{A}^{-1}$ zu zeigen.

3.3. Matrizendarstellung linearer Abbildungen

In Abschnitt 3.1 haben wir den Vektoren endlichdimensionaler Vektorräume n-tupel von Körperelementen zugeordnet. In ähnlicher Weise arithmetisieren wir nun die linearen Abbildungen zwischen diesen Räumen, indem wir ihnen Matrizen zuordnen.

V und W seien K-Vektorräume über dem Körper K mit $\dim V = n$ $(\neq 0)$ und $\dim W = m (\neq 0)$. Ferner sei $j_V : V \to K^n$ eine Koordinatendarstellung von V und $j_W : W \to K^m$ eine solche von W.

Wir definieren eine Abbildung $M_{j_V j_W} : \underline{\mathrm{Lin}}(V,W) \to \underline{\mathrm{Lin}}(K^n,K^m)$ durch $M_{j_V j_W}(f) = j_W \circ f \circ j_V^{-1}$ für alle $f \in \underline{\mathrm{Lin}}(V,W)$.

Sie hat die folgenden Eigenschaften, die der Leser sofort bestätigen kann:

(1) $M_{j_V j_W}$ ist ein Isomorphismus zwischen den Räumen $\underline{\mathrm{Lin}}(V,W)$

und $\underline{\mathrm{Lin}}(K^n,K^m)$.

(2) Ist U ein weiterer endlichdimensionaler K-Vektorraum und j_U eine Koordinatendarstellung von U, so gilt für $f \in \underline{\mathrm{Lin}}(V,W)$ und $g \in \underline{\mathrm{Lin}}(W,U)$ $M_{j_V j_U}(g \circ f) = M_{j_W j_U}(g)\, M_{j_V j_W}(f)$.

(3) Für die Identität 1_V auf V ist $M_{j_V j_V}(1_V) = \mathfrak{E} \in \underline{\text{Lin}}(K^n, K^n)$.

Es ist $f \in \underline{\text{Lin}}(V,V)$ genau dann ein Automorphismus, wenn $M_{j_V j_V}(f)$ aus $\underline{\text{Lin}}(K^n, K^n)$ nichtsingulär ist, und es gilt dann $M_{j_V j_V}(f^{-1}) = (M_{j_V j_V}(f))^{-1}$.

Allgemein ist Rang f = Rang $M_{j_V j_W}(f)$.

Wir führen die folgenden Sprechweisen ein: Der Isomorphismus $M_{j_V j_W}$ wird **Matrizendarstellung** von $\underline{\text{Lin}}(V,W)$ und $M_{j_V j_W}(f)$ die zu f gehörige Matrix bezüglich der Koordinatendarstellungen j_V, j_W genannt.

Es sei B eine Basis von V, B' eine solche von W. Ist j_V eine zu B gehörige und j_W eine zu B' gehörige Koordinatendarstellung ($j_V[B] = E_n$, $j_W[B'] = E_m$), so sagen wir auch, $M_{j_V j_W}$ sei eine Matrizendarstellung von $\underline{\text{Lin}}(V,W)$ bezüglich B, B' und $M_{j_V j_W}(f)$ sei eine der linearen Abbildung $f : V \to W$ bezüglich B und B' zugeordnete Matrix.

Für die Endomorphismenräume $\underline{\text{Lin}}(V,V)$ sind bereits durch Angabe einer Koordinatendarstellung j_V bzw. einer Basis B Matrizendarstellungen definiert.

Wir wollen zunächst klären, welche Bedeutung die Elemente der Matrix

$$M_{j_V j_W}(f) = \mathfrak{J} = ((c_{ik}))$$

für die lineare Abbildung $f : V \to W$ haben.

Dazu betrachten wir die Basen

$$B = \{\underline{e}_1, \ldots, \underline{e}_n\} \subset V, \qquad B' = \{\underline{e}_1', \ldots, \underline{e}_m'\} \subset W,$$

wobei

$$\underline{e}_k = j_V^{-1}\left(e_k^{(n)}\right) \quad (1 \leqslant k \leqslant n) \quad \text{und} \quad \underline{e}_i' = j_W^{-1}\left(e_i^{(m)}\right)$$

$(1 \leqslant i \leqslant m)$ ist.

Dann ist für $k = 1, \ldots, n$

$$j_W(f(\underline{e}_k)) = \mathfrak{J}\, e_k^{(n)} = \begin{pmatrix} c_{1k} \\ \cdot \\ \cdot \\ \cdot \\ c_{mk} \end{pmatrix}$$

oder

$$f(\underline{e}_k) = \sum_{i=1}^{m} c_{ik}\underline{e}_i' \,.$$

Der k-te Spaltenvektor von $\mathfrak{J}$ ist also der zu $f(\underline{e}_k)$ gehörige Koordinatenvektor bezüglich j_W.

Wir wollen noch erwähnen, wie der Koordinatenvektor

$$j_W(f(\underline{x})) = \mathfrak{x}' = \begin{pmatrix} x_1' \\ \cdot \\ \cdot \\ \cdot \\ x_m' \end{pmatrix}$$

für beliebiges $\underline{x} \in V$ aussieht. Es sei

$$j_V(\underline{x}) = \mathfrak{x} = \begin{pmatrix} x_1 \\ \cdot \\ \cdot \\ \cdot \\ x_n \end{pmatrix} ;$$

dann ist

$$\mathfrak{x}' = \mathfrak{J}\,\mathfrak{x}$$

oder komponentenweise

$$x_i' = \sum_{k=1}^{n} c_{ik}x_k \qquad (1 \leqslant i \leqslant m).$$

Wir wollen nun zeigen, daß zu einer Abbildung $f \in \underline{\mathrm{Lin}}(V,W)$ stets solche Koordinatendarstellungen von V und W gefunden werden können, daß die zugehörige Matrix von besonders einfacher Gestalt ist:

Es sei Rang $f = r$ und $\mathfrak{D} \in \underline{\mathrm{Lin}}(K^n, K^m)$ mit $\mathfrak{D}e_k^{(n)} = e_k^{(m)}$ für $k = 1, \ldots, r$ und $\mathfrak{D}e_k^{(n)} = o$ für $k = r + 1, \ldots, n$.

$\mathfrak{D}$ hat also die Gestalt

$$\mathfrak{D} = \begin{pmatrix} 1 & 0 & \cdots\cdots & 0 \\ 0 & 1 & & \vdots \\ \cdot & & 1 & \vdots \\ \cdot & & & 0 & \vdots \\ \cdot & & & & \vdots \\ 0 & \cdots\cdots\cdots & & 0 \end{pmatrix}.$$

Es ist Rang $\mathfrak{D} = r$. Wir zeigen nun die Existenz von j_V und j_W mit $\mathfrak{D} = j_W \circ f \circ j_V^{-1}$:

Dazu sei U ein Unterraum von V mit den in Satz 2.24 beschriebenen Eigenschaften: $V = U + \mathrm{Kern}\, f$ und $U \cap \mathrm{Kern}\, f = \{\underline{0}\}$. Wir wählen eine Basis A in Kern f und eine Basis A' in U. Dann gilt: A' enthält r Elemente, ebenso $f[A']$, $A \cap A' = \emptyset$, $B = A \cup A'$ ist eine Basis von V und $f[A']$ ist linear unabhängig in W. Wir ergänzen $f[A']$ zu einer Basis B' von W und numerieren die Elemente in B und B' in geeigneter Weise:

Es sei $B = \{\underline{e}_1, \ldots, \underline{e}_n\}$ und $B' = \{\underline{e}_1', \ldots, \underline{e}_m'\}$ mit $A' = \{\underline{e}_1, \ldots, \underline{e}_r\}$, $A = \{\underline{e}_{r+1}, \ldots, \underline{e}_n\}$ und $\underline{e}_i' = f(\underline{e}_i)$ für $i = 1, \ldots, r$.

Dann haben wir in

$$j_V : V \to K^n \text{ mit } j_V(\underline{e}_k) = e_k^{(n)} \qquad (1 \leq k \leq n)$$

und

$$j_W : W \to K^m \text{ mit } j_W(\underline{e}_i') = e_i^{(m)} \qquad (1 \leq i \leq m)$$

die gesuchten Koordinatendarstellungen gefunden.

Wir betrachten jetzt den speziellen Fall $V = K^n$, $W = K^m$ und können dann folgenden Satz formulieren:

$\underline{\text{Satz 3.1}}$: Zu jeder Matrix $\mathfrak{A} \in \underline{\text{Lin}}(K^n, K^m)$ gibt es nichtsinguläre Matrizen $\mathfrak{J} \in \underline{\text{Lin}}(K^m, K^m)$ und $\mathfrak{H} \in \underline{\text{Lin}}(K^n, K^n)$, so daß

$$\mathfrak{D} = \mathfrak{J} \, \mathfrak{A} \, \mathfrak{H}$$

mit einer Diagonalmatrix $\mathfrak{D} \in \underline{\text{Lin}}(K^n, K^m)$ gilt.

(Zum Beweis setze man bei den vorangehenden Ausführungen $\mathfrak{A}$ für f, $\mathfrak{H}$ für j_V^{-1} und $\mathfrak{J}$ für j_W).

Wir behandeln zum Schluß dieses Abschnitts noch Fragen, die im Zusammenhang mit Basis- und Koordinatendarstellungswechsel stehen.

B und B' seien Basen des n-dimensionalen Vektorraums V. Eine Abbildung t von B auf B' wollen wir eine B a s i s t r a n s f o r m a t i o n von B nach B' nennen.

Ist nun j eine zu B gehörige Koordinatendarstellung von V ($j[B] = E_n$) und $\tilde{t}$ derjenige Automorphismus auf V, der aus t durch lineare Fortsetzung hervorgeht, so soll die nichtsinguläre (n,n)-Matrix

$$\mathfrak{C} = j \circ \tilde{t} \circ j^{-1}$$

eine zu t gehörige T r a n s f o r m a t i o n s m a t r i x heißen.

Es sei $B = \{\underline{e}_1, \ldots, \underline{e}_n\}$ mit $\underline{e}_k = j^{-1}(e_k)$ und $B' = \{\underline{e}'_1, \ldots, \underline{e}'_n\}$ mit $\underline{e}'_k = t(\underline{e}_k)$ für $k = 1, \ldots, n$. Eine leichte Rechnung zeigt nun, daß die Elemente der Matrix $\mathfrak{C} = ((c_{ik}))$ gerade als Koeffizienten bei den linearen Darstellungen der $\underline{e}'_k$ durch die $\underline{e}_k$ auftreten:

$$\underline{e}'_k = \sum_{i=1}^{n} c_{ik}\underline{e}_i \qquad (1 \leq k \leq n).$$

Wir betrachten die zu B' gehörige Koordinatendarstellung j' von V, definiert durch $j'(\underline{e}'_k) = e_k$ $(1 \leq k \leq n)$. Zwischen j, j' und $\mathfrak{C}$ besteht dann folgender Zusammenhang:

$$j' = j \circ \tilde{t}^{-1}, \qquad \mathfrak{C} \circ j' = j.$$

Es sei $\underline{x} \in V$. Für die Koordinaten x_k von $\underline{x}$ bezüglich j und x_k' bezüglich j' gilt daher

$$x_i = \sum_{k=1}^{n} c_{ik} x_k' \qquad (1 \le i \le n).$$

Jedem Basiswechsel entspricht ein Koordinatenwechsel und umgekehrt. Die Zusammenhänge dabei werden durch die eben genannten Formeln beschrieben.

Neben V betrachten wir jetzt wieder den endlichdimensionalen K-Vektorraum W. Es seien j_V, j_V' Koordinatendarstellungen von V und j_W, j_W' solche von W. Für eine lineare Abbildung $f \in \underline{Lin}(V,W)$ seien die zugehörigen Matrizen

$$\mathfrak{J} = j_W \circ f \circ j_V^{-1} \qquad \text{und} \qquad \mathfrak{J}' = j_W' \circ f \circ j_V'^{-1}.$$

Dann entspricht dem Übergang von j_V, j_W nach j_V', j_W' die Beziehung

$$\mathfrak{J}' = \mathfrak{S}^{-1} \mathfrak{J} \mathfrak{T}$$

mit den nichtsingulären quadratischen Matrizen

$$\mathfrak{S} = j_W \circ j_W'^{-1} \qquad \text{und} \qquad \mathfrak{T} = j_V \circ j_V'^{-1}.$$

3.4. Elementare Umformungen bei Matrizen

Eine Matrix $\mathfrak{A} = ((a_{ik}))$ über dem Körper K heißt

o b e r e   D r e i e c k s m a t r i x , wenn $a_{ik} = 0$ für $i > k$,
u n t e r e   D r e i e c k s m a t r i x , wenn $a_{ik} = 0$ für $i < k$,
D i a g o n a l m a t r i x , wenn $a_{ik} = 0$ für $i \ne k$ gilt.

Die Elemente a_{ik} mit $i = k$ bilden die H a u p t d i a g o n a l e von $\mathfrak{A}$. In einer Diagonalmatrix stehen also außerhalb der Hauptdiagonalen nur Nullen.

Der Umgang mit den eben genannten Matrizen ist besonders einfach. Beispielsweise kann der Rang einer Diagonalmatrix unmittelbar an

der Anzahl der von Null verschiedenen Elemente in der Hauptdiagonalen abgelesen werden; die Determinante einer quadratischen
Dreiecksmatrix wird leicht aus ihren Hauptdiagonalelementen ermittelt (siehe Abschnitt 4.6); und zu einem linearen Gleichungssystem, dessen Koeffizientenmatrix Dreiecksgestalt hat, lassen sich
schneller Lösungen berechnen (siehe Abschnitt 5.2). (Vgl. auch
Aufgabe 1 am Schluß dieses Abschnitts).

Es ist daher von praktischer Bedeutung, Verfahren zu haben, mit
denen eine Matrix in Dreiecks- oder Diagonalform überführt werden kann, so daß dabei möglichst viele Eigenschaften der Matrix erhalten bleiben. Am naheliegendsten ist die Methode der schrittweisen
Transformation mit hilfe sog. e l e m e n t a r e r U m f o r m u n g e n ,
die gewöhnlich folgendermaßen umschrieben werden:

(1) Vertauschung zweier Spalten bzw. zweier Zeilen.

(2) Multiplikation einer Spalte bzw. Zeile mit einem Skalar und an-
    schließende Addition zu einer anderen Spalte bzw. Zeile.

Diese Umformungen werden auch durch rechts- und linksseitige Multiplikation mit gewissen nichtsingulären quadratischen Matrizen er-
reicht, die wir jetzt angeben wollen.

Es sei n eine natürliche Zahl mit $n \geqslant 2$. V_n bezeichne die Menge
der Matrizen $\mathfrak{B}_{ik}$ aus $\underline{\mathrm{Lin}}(K^n, K^n)$, die für $i,k \in \{1,\dots,n\}$ und $i \neq k$
durch

$$\mathfrak{B}_{ik} e_i^{(n)} = e_k^{(n)}, \qquad \mathfrak{B}_{ik} e_k^{(n)} = e_i^{(n)},$$

$$\mathfrak{B}_{ik} e_j^{(n)} = e_j^{(n)} \quad \text{für} \quad j \neq i \quad \text{und} \quad j \neq k$$

definiert sind. $\mathfrak{B}_{ik}$ geht also aus der Einheitsmatrix $\mathfrak{E}_n$ durch Vertauschen der i-ten und k-ten Spalte hervor.

U_n bezeichne die Menge der Matrizen $\mathfrak{u}_{ik}^{(a)}$ aus $\underline{\mathrm{Lin}}(K^n, K^n)$, die für
$i,k \in \{1,\dots,n\}$, $i \neq k$ und $a \in K$ durch

$$\mathfrak{u}_{ik}^{(a)} e_k^{(n)} = e_k^{(n)} + a\, e_i^{(n)},$$

$$\mathfrak{u}_{ik}^{(a)} e_j^{(n)} = e_j^{(n)} \quad \text{für} \quad j \neq k$$

definiert sind. Man erhält also $u_{ik}^{(a)}$, indem man in $\mathfrak{E}_n$ die Null in
der i-ten Zeile und k-ten Spalte durch das Körperelement a ersetzt.

Die Matrizen in V_n und U_n sind nichtsingulär; ihre Inversen können
sofort angegeben werden. Es ist

$$\mathfrak{B}_{ik} = \mathfrak{B}_{ki} = \mathfrak{B}_{ik}^{-1} \quad \text{und} \quad \left(u_{ik}^{(a)}\right)^{-1} = u_{ik}^{(-a)}.$$

Ein Produkt solcher Matrizen ist dann ebenfalls nichtsingulär.

Es sei $\mathfrak{A}$ eine (m,n)-Matrix über dem Körper K. Linksseitige Multiplikation von $\mathfrak{A}$ mit Matrizen aus V_m oder U_m bewirkt elementare
Umformung bezüglich der Zeilen, rechtsseitige Multiplikation mit
Matrizen aus V_n oder U_n elementare Umformung bezüglich der
Spalten: $\mathfrak{B}_{ik}\mathfrak{A}$ $(\mathfrak{B}_{ik} \in V_m)$ entsteht aus $\mathfrak{A}$ durch Vertauschung der
i-ten und k-ten Zeile, $\mathfrak{A}\mathfrak{B}_{ik}$ $(\mathfrak{B}_{ik} \in V_n)$ aus $\mathfrak{A}$ durch Vertauschung
der i-ten und k-ten Spalte. Wird $\mathfrak{A}$ von links mit $u_{ik}^{(a)} \in U_m$ multipliziert, so wird dadurch in $\mathfrak{A}$ die k-te Zeile mit a multipliziert
und zur i-ten addiert; $\mathfrak{A}u_{ik}^{(a)}$ $(u_{ik}^{(a)} \in U_n)$ erhält man aus $\mathfrak{A}$, indem
man die mit a multiplizierte i-te Spalte zur k-ten addiert.

Es gilt: Zu jeder Matrix $\mathfrak{A} \in \underline{\text{Lin}}(K^n, K^m)$ gibt es nichtsinguläre quadratische Matrizen $\mathfrak{M}$ und $\mathfrak{N}$ mit den Eigenschaften (a) oder (b):

(a) $\mathfrak{M}$ ist Produkt von Matrizen aus V_m und U_m (bzw. aus V_m),
    $\mathfrak{N}$ ist Produkt von Matrizen aus V_n (bzw. aus V_n und U_n),
    $\mathfrak{M}\mathfrak{A}\mathfrak{N}$ ist eine obere Dreiecksmatrix (bzw. untere Dreiecks-
    matrix).

(b) $\mathfrak{M}$ ist Produkt von Matrizen aus V_m und U_m,
    $\mathfrak{N}$ ist Produkt von Matrizen aus V_n und U_n,
    $\mathfrak{M}\mathfrak{A}\mathfrak{N}$ ist eine Diagonalmatrix.

Wir verzichten hier auf einen Beweis dieser Aussagen, weil dabei
in ähnlicher Weise wie beim G a u s s schen Algorithmus vorgegangen
wird, den wir in Kapitel 5 erläutern.

Bei elementaren Umformungen bleibt der Rang einer Matrix invari-
ant, weil $\mathfrak{B}_{ik}$ und $u_{ik}^{(a)}$ nichtsingulär sind; die Determinante einer
quadratischen Matrix wechselt höchstens das Vorzeichen (siehe
Satz 4.11).

<u>Aufgaben:</u> 1. Man zeige: Das Produkt zweier oberer Dreiecksmatrizen aus $\underline{\mathrm{Lin}}(K^n, K^n)$ ist wieder eine solche. Darüber hinaus bilden die nichtsingulären unter diesen Matrizen eine Untergruppe der linearen Gruppe.

Entsprechende Aussagen gelten auch für die unteren Dreiecksmatrizen.

2. Die (n,n)-Matrix $\mathfrak{D} = ((d_{ik}))$ sei eine Diagonalmatrix, deren Hauptdiagonalelemente d_{ii} alle untereinander verschieden sind. Es sind alle Matrizen $\mathfrak{A}$ anzugeben, für die

$$\mathfrak{A}\mathfrak{D} = \mathfrak{D}\mathfrak{A}$$

ist.

3. Man zeige, daß die Matrizen in V_n auf folgende Weise mit Matrizen aus U_n ausgedrückt werden können:

$$\mathfrak{B}_{ik} = \mathfrak{C}_i u_{ki}^{(1)} u_{ik}^{(-1)} u_{ki}^{(1)} \, ;$$

dabei ist $\mathfrak{C}_i \in \underline{\mathrm{Lin}}(K^n, K^n)$ durch $\mathfrak{C}_i e_i^{(n)} = - e_i^{(n)}$ und $\mathfrak{C}_i e_j^{(n)} = e_j^{(n)}$ für $j \neq i$ definiert.

3.5. Die transponierte Matrix

Es seien U und V K-Vektorräume. Ferner sei β eine Bilinearform aus $\underline{\mathrm{Mul}}(U,V)$. β ist also eine Abbildung von $U \times V$ in den Körper K mit der Eigenschaft, daß für jedes $\underline{u} \in U$ und jedes $\underline{v} \in V$ die durch

$$\beta_{\underline{u}}(\underline{y}) = \beta(\underline{u},\underline{y}) \quad \text{für alle} \quad \underline{y} \in V,$$

$$\beta'_{\underline{v}}(\underline{x}) = \beta(\underline{x},\underline{v}) \quad \text{für alle} \quad \underline{x} \in U$$

definierten Abbildungen $\beta_{\underline{u}} : V \to K$, $\beta'_{\underline{v}} : U \to K$ linear sind.

Wir nennen β nicht ausgeartet, wenn für alle $\underline{u} \neq \underline{0}$, $\underline{v} \neq \underline{0}$ $\beta_{\underline{u}}$ und $\beta'_{\underline{v}}$ nicht die Nullabbildungen sind, d.h. wenn zu jedem $\underline{u} \neq \underline{0}$ aus U ein $\underline{y} \in V$ und zu jedem $\underline{v} \neq \underline{0}$ aus V ein $\underline{x} \in U$ existiert mit

$$\beta(\underline{u},\underline{y}) \neq 0, \quad \beta(\underline{x},\underline{v}) \neq 0.$$

Andernfalls heißt β ausgeartet.

Ist β aus $\underline{\mathrm{Mul}}(V,V) = \underline{\mathrm{Mul}}_2(V)$, so heißt β symmetrisch, wenn $\beta(\underline{v}_1,\underline{v}_2) = \beta(\underline{v}_2,\underline{v}_1)$ für alle $\underline{v}_1,\underline{v}_2 \in V$ gilt.

Es seien B_U, B_V Basen von U bzw. V. Nach Satz 2.27 gibt es zu jeder Abbildung $f : B_U \times B_V \to K$ genau eine Bilinearform aus $\underline{\mathrm{Mul}}(U,V)$, deren Einschränkung auf $B_U \times B_V$ gleich f ist.

Wir betrachten nun die besonders einfache Bilinearform $\beta^{(n)} \in \underline{\mathrm{Mul}}_2(K^n)$, die durch

$$\beta^{(n)}\left(e_i^{(n)}, e_k^{(n)}\right) = \delta_{ik} = \begin{cases} 1 & \text{für} \quad i = k \\ 0 & \text{für} \quad i \neq k \end{cases}$$

für alle Paare von Einheitsvektoren $e_1^{(n)},\ldots,e_n^{(n)}$ gegeben ist.

Für $\mathfrak{x} = \begin{pmatrix} x_1 \\ \vdots \\ x_n \end{pmatrix}$, $\mathfrak{y} = \begin{pmatrix} y_1 \\ \vdots \\ y_n \end{pmatrix}$ ergibt sich

$$\beta^{(n)}(\mathfrak{x},\mathfrak{y}) = x_1 y_1 + \cdots + x_n y_n,$$

wie sich leicht nachrechnen läßt. Diese Bilinearform, die wegen der Existenz der natürlichen Basis durch K^n eindeutig bestimmt ist, nennen wir gelegentlich die kanonische Bilinearform von K^n.

$\beta^{(n)}$ ist offensichtlich symmetrisch. Ferner ist auch $\beta^{(n)}$ nicht ausgeartet. Ist nämlich $\mathfrak{x} = \sum_{i=1}^{n} x_i e_i \neq \mathfrak{o}$, so ist mindestens ein x_k nicht 0, und es gilt

$$\beta^{(n)}(e_k,\mathfrak{x}) = \beta^{(n)}(\mathfrak{x},e_k) = x_k.$$

Zu jeder Matrix $\mathfrak{B} \in \underline{\mathrm{Lin}}(K^n,K^m)$ ist durch

$$\beta_{\mathfrak{B}}(\mathfrak{x},\mathfrak{y}) = \beta^{(m)}(\mathfrak{x},\mathfrak{B}\mathfrak{y}) \qquad (\mathfrak{x} \in K^m, \mathfrak{y} \in K^n)$$

eine Bilinearform $\beta_{\mathfrak{B}} \in \underline{\mathrm{Mul}}(K^m,K^n)$ erklärt, wie aus Beispiel 2.20 hervorgeht. Der folgende Satz stellt eine Umkehrung dieses Sachverhalts dar.

Zuvor sei noch bemerkt, daß für $\mathfrak{B} = ((b_{ik}))$ $\beta_{\mathfrak{B}}$ auch durch

$$\beta_{\mathfrak{B}}\left(e_i^{(m)}, e_k^{(n)}\right) = b_{ik} \qquad (i = 1,\ldots,m,\ k = 1,\ldots,n)$$

charakterisiert ist. Dies ergibt sich aus

$$\beta^{(m)}\left(e_i^{(m)}, \mathfrak{B}e_k^{(n)}\right) = \beta^{(m)}\left(e_i^{(m)}, \sum_{s=1}^{m} b_{sk}e_s^{(m)}\right)$$

$$= \sum_{s=1}^{m} b_{sk}\beta^{(m)}\left(e_i^{(m)}, e_s^{(m)}\right) = b_{ik}.$$

Satz 3.2: Zu jeder Bilinearform $\beta \in \underline{\mathrm{Mul}}(K^m, K^n)$ gibt es eine eindeutig bestimmte Matrix $\mathfrak{B}_\beta \in \underline{\mathrm{Lin}}(K^n, K^m)$ mit

$$\beta(\mathfrak{x}, \mathfrak{y}) = \beta^{(m)}(\mathfrak{x}, \mathfrak{B}_\beta\mathfrak{y})$$

für alle $\mathfrak{x} \in K^m$ und $\mathfrak{y} \in K^n$.

Beweis: Wir definieren $\mathfrak{B}_\beta \in \underline{\mathrm{Lin}}(K^n, K^m)$ durch

$$\mathfrak{B}_\beta\mathfrak{y} = \sum_{s=1}^{m} \beta\left(e_s^{(m)}, \mathfrak{y}\right)e_s^{(m)} \qquad (\mathfrak{y} \in K^m).$$

Es ist also

$$\mathfrak{B}_\beta = \begin{pmatrix} \beta\left(e_1^{(m)}, e_1^{(n)}\right) & \cdots & \beta\left(e_1^{(m)}, e_n^{(n)}\right) \\ \vdots & & \vdots \\ \beta\left(e_m^{(m)}, e_1^{(n)}\right) & \cdots & \beta\left(e_m^{(m)}, e_n^{(n)}\right) \end{pmatrix}.$$

Nach den vorangehenden Ausführungen gilt damit für alle Paare $\left(e_i^{(m)}, e_k^{(n)}\right)$

$$\beta^{(m)}\left(e_i^{(m)}, \mathfrak{B}_\beta e_k^{(n)}\right) = \beta\left(e_i^{(m)}, e_k^{(n)}\right),$$

und daraus folgt die im Satz angegebene Beziehung. Das beweist die Existenz einer solchen Matrix.

Ist umgekehrt $\mathfrak{B}$ eine (m,n)-Matrix mit

$$\beta(\mathfrak{x},\mathfrak{y}) = \beta^{(m)}(\mathfrak{x},\mathfrak{B}\mathfrak{y}) \quad \text{für alle} \quad \mathfrak{x} \in K^m, \ \mathfrak{y} \in K^n,$$

so folgt

$$\beta^{(m)}(\mathfrak{x},\mathfrak{B}\mathfrak{y}) = \beta^{(m)}(\mathfrak{x},\mathfrak{B}_\beta\mathfrak{y}),$$

$$\beta^{(m)}(\mathfrak{x},(\mathfrak{B}-\mathfrak{B}_\beta)\mathfrak{y}) = 0 \quad \text{für alle} \quad \mathfrak{x} \in K^m, \ \mathfrak{y} \in K^n,$$

also, da $\beta^{(m)}$ nicht ausgeartet ist,

$$(\mathfrak{B}-\mathfrak{B}_\beta)\mathfrak{y} = \mathfrak{o} \quad \text{für alle} \quad \mathfrak{y} \in K^n.$$

Daher ist $\mathfrak{B} - \mathfrak{B}_\beta = \mathfrak{O}$, $\mathfrak{B} = \mathfrak{B}_\beta$. $\mathfrak{B}_\beta$ ist also eindeutig bestimmt.

Durch die Zuordnung $\beta \to \mathfrak{B}_\beta$ ist also eine bijektive Abbildung von $\underline{\text{Mul}}(K^m,K^n)$ auf $\underline{\text{Lin}}(K^n,K^m)$ erklärt. Die dazu inverse Abbildung liefert gerade die Zuordnung $\mathfrak{B} \to \beta_\mathfrak{B}$. Darüber hinaus ließe es sich übrigens leicht zeigen, daß es sich dabei sogar um Isomorphismen handelt.

Gegeben sei nun die (n,m)-Matrix $\mathfrak{A}$. Dann wird durch

$$\beta(\mathfrak{x},\mathfrak{y}) = \beta^{(n)}(\mathfrak{A}\mathfrak{x},\mathfrak{y}) \qquad (\mathfrak{x} \in K^m, \ \mathfrak{y} \in K^n)$$

eine Bilinearform $\beta \in \underline{\text{Mul}}(K^m,K^n)$ definiert. Ihr ist nach Satz 3.2 die (m,n)-Matrix $\mathfrak{B}_\beta$ mit

$$\beta^{(n)}(\mathfrak{A}\mathfrak{x},\mathfrak{y}) = \beta(\mathfrak{x},\mathfrak{y}) = \beta^{(m)}(\mathfrak{x},\mathfrak{B}_\beta\mathfrak{y})$$

(für alle $\mathfrak{x} \in K^m, \ \mathfrak{y} \in K^n$) zugeordnet.

Für $\mathfrak{A} = ((a_{ik}))$, $\mathfrak{B}_\beta = \mathfrak{B} = ((b_{ik}))$ ist

$$\beta^{(n)}\left(\mathfrak{A}e_i^{(m)},e_k^{(n)}\right) = \beta^{(n)}\left(e_k^{(n)},\mathfrak{A}e_i^{(m)}\right) = \beta_\mathfrak{A}\left(e_k^{(n)},e_i^{(m)}\right) = a_{ki},$$

$$\beta^{(m)}\left(e_i^{(m)},\mathfrak{B}e_k^{(n)}\right) = \beta_\mathfrak{B}\left(e_i^{(m)},e_k^{(n)}\right) = b_{ik}.$$

Mithin ist $b_{ik} = a_{ki}$ für alle i und k.

$\underline{\text{Definition 3.1}}$: Ist $\mathfrak{A} \in \underline{\text{Lin}}(K^m, K^n)$ eine Matrix, so wird mit $\mathfrak{A}^T$ diejenige Matrix aus $\underline{\text{Lin}}(K^n, K^m)$ bezeichnet, die die Eigenschaft

$$\beta^{(n)}(\mathfrak{A}\mathfrak{x}, \mathfrak{y}) = \beta^{(m)}(\mathfrak{x}, \mathfrak{A}^T\mathfrak{y}) \quad \text{für alle} \quad \mathfrak{x} \in K^m,\ \mathfrak{y} \in K^n$$

besitzt. $\mathfrak{A}^T$ wird die zu $\mathfrak{A}$ transponierte Matrix genannt.

Nach den vorangehenden Überlegungen gibt es zu jeder Matrix $\mathfrak{A}$ tatsächlich genau eine derartige Matrix $\mathfrak{A}^T$. Sie hat für

$$\mathfrak{A} = \begin{pmatrix} a_{11} & \cdots & a_{1m} \\ \cdot & \cdots & \cdot \\ a_{n1} & \cdots & a_{nm} \end{pmatrix} \quad \text{die Gestalt}\quad \mathfrak{A}^T = \begin{pmatrix} a_{11} & \cdots & a_{n1} \\ \cdot & \cdots & \cdot \\ a_{1m} & \cdots & a_{nm} \end{pmatrix}.$$

$\mathfrak{A}^T$ entsteht also aus $\mathfrak{A}$ durch "Vertauschung von Zeilen und Spalten" oder durch "Spiegelung an der Hauptdiagonalen".

Eine quadratische Matrix $\mathfrak{A}$, für die $\mathfrak{A} = \mathfrak{A}^T$ gilt, wird s y m m e t r i s c h genannt.

Wir wollen nun einige einfache Rechenregeln für die transponierte Matrix zusammenstellen.

$\underline{\text{Satz 3.3}}$: Es gelten (mit $m, n, p \in \underline{N}$) die folgenden Beziehungen:

(a) $(\mathfrak{A}^T)^T = \mathfrak{A}$ für $\mathfrak{A} \in \underline{\text{Lin}}(K^m, K^n)$.

(b) $(x_1\mathfrak{A}_1 + x_2\mathfrak{A}_2)^T = x_1\mathfrak{A}_1^T + x_2\mathfrak{A}_2^T$
    für $\mathfrak{A}_1, \mathfrak{A}_2 \in \underline{\text{Lin}}(K^m, K^n)$, $x_1, x_2 \in K$.

(c) $(\mathfrak{B}\mathfrak{A})^T = \mathfrak{A}^T\mathfrak{B}^T$
    für $\mathfrak{A} \in \underline{\text{Lin}}(K^m, K^n)$, $\mathfrak{B} \in \underline{\text{Lin}}(K^n, K^p)$.

(d) $\mathfrak{E}^T = \mathfrak{E}$ für die Einheitsmatrix
    $\mathfrak{E} \in \underline{\text{Lin}}(K^n, K^n)$.

(e) Ist $\mathfrak{D} \in \underline{\text{Lin}}(K^n, K^n)$ nichtsingulär, so auch $\mathfrak{D}^T$, und es ist
    $(\mathfrak{D}^T)^{-1} = (\mathfrak{D}^{-1})^T$.

(f) Rang $\mathfrak{A}$ = Rang $\mathfrak{A}^T$ für $\mathfrak{A} \in \underline{\text{Lin}}(K^m, K^n)$.

$\underline{\text{Beweis}}$: Der Nachweis von (a), (b) und (d) ist einfach und bleibt dem Leser überlassen.

Aussage (c): Für alle $\mathfrak{x} \in K^m$ und $\mathfrak{z} \in K^p$ gilt

$$\beta^{(p)}(\mathfrak{B}\mathfrak{A}\mathfrak{x},\mathfrak{z}) = \beta^{(n)}(\mathfrak{A}\mathfrak{x},\mathfrak{B}^\mathsf{T}\mathfrak{z}) = \beta^{(m)}(\mathfrak{x},\mathfrak{A}^\mathsf{T}\mathfrak{B}^\mathsf{T}\mathfrak{z}).$$

Daraus folgt

$$(\mathfrak{B}\mathfrak{A})^\mathsf{T} = \mathfrak{A}^\mathsf{T}\mathfrak{B}^\mathsf{T}.$$

Aussage (e): $\mathfrak{D}$ sei nichtsingulär. Dann gilt

$$\mathfrak{E} = \mathfrak{E}^\mathsf{T} = (\mathfrak{D}^{-1}\mathfrak{D})^\mathsf{T} = \mathfrak{D}\,(\mathfrak{D}^{-1})^\mathsf{T},$$

also $(\mathfrak{D}^{-1})^\mathsf{T} = (\mathfrak{D}^\mathsf{T})^{-1}$.

Aussage (f): Nach Satz 3.1 gibt es nichtsinguläre Matrizen
$\mathfrak{E} \in \underline{\mathrm{Lin}}(K^n,K^n)$, $\mathfrak{T} \in \underline{\mathrm{Lin}}(K^m,K^m)$ sowie eine Diagonalmatrix
$\mathfrak{D} \in \underline{\mathrm{Lin}}(K^m,K^n)$ mit $\mathfrak{D} = \mathfrak{E}\mathfrak{A}\mathfrak{T}$. Dabei ist Rang $\mathfrak{A}$ = Rang $\mathfrak{D}$. Nun gilt
$\mathfrak{D}^\mathsf{T} = \mathfrak{T}^\mathsf{T}\mathfrak{A}^\mathsf{T}\mathfrak{E}^\mathsf{T}$, und wegen der Diagonalform von $\mathfrak{D}$ ist offenbar
$\mathfrak{D}^\mathsf{T} = \mathfrak{D}$. Da mit $\mathfrak{T}$ und $\mathfrak{E}$ auch $\mathfrak{T}^\mathsf{T}$ und $\mathfrak{E}^\mathsf{T}$ nichtsingulär sind, folgt
noch Rang $\mathfrak{A}^\mathsf{T}$ = Rang $\mathfrak{D}^\mathsf{T}$. Aus den angegebenen Ranggleichungen folgt
die Behauptung.

Aus den Aussagen (a) und (b) entnimmt man, daß das Transponieren
einen Isomorphismus vom Vektorraum $\underline{\mathrm{Lin}}(K^m,K^n)$ auf den Vektorraum $\underline{\mathrm{Lin}}(K^n,K^m)$ liefert.

Man bezeichnet gelegentlich die Dimension des von den Spalten einer
(n,m)-Matrix $\mathfrak{A}$ in K^n erzeugten Unterraums ($=$ Rang $\mathfrak{A}$) auch als
S p a l t e n r a n g und die Dimension des von den Zeilen in $\underline{\mathrm{Lin}}(K^m,K)$
erzeugten Unterraums ($=$ Rang $\mathfrak{A}^\mathsf{T}$) als Z e i l e n r a n g . Aussage (f)
besagt, daß Zeilenrang und Spaltenrang übereinstimmen.

Die in (e) erscheinende Matrix $(\mathfrak{D}^\mathsf{T})^{-1} = (\mathfrak{D}^{-1})^\mathsf{T}$ wird die zu $\mathfrak{D}$ k o n -
t r a g r e d i e n t e Matrix genannt.

Eine quadratische Matrix $\mathfrak{E} \in \underline{\mathrm{Lin}}(K^n,K^n)$ mit $\mathfrak{E} = (\mathfrak{E}^\mathsf{T})^{-1}$ heißt o r t h o -
g o n a l . Sie erfüllt die Beziehung

$$\beta^{(n)}(\mathfrak{E}\mathfrak{x},\mathfrak{E}\mathfrak{y}) = \beta^{(n)}(\mathfrak{x},\mathfrak{y})$$

für alle $\mathfrak{x},\mathfrak{y} \in K^n$. Mit $\mathfrak{S}$ ist auch $\mathfrak{S}^T = \mathfrak{S}^{-1}$ orthogonal. Ist $\mathfrak{T}$ eine weitere orthogonale (n,n)-Matrix, so ist $\mathfrak{S}\mathfrak{T}$ ebenfalls orthogonal. Da ferner die Einheitsmatrix aus $\underline{\text{Lin}}(K^n,K^n)$ orthogonal ist, bilden die orthogonalen Matrizen aus $\underline{\text{Lin}}(K^n,K^n)$ mit der Matrizenmultiplikation eine Gruppe. Die Bedeutung der orthogonalen Matrizen wird sich erst im Kapitel 6 zeigen.

Unter Verwendung der Aussage (f) von Satz 3.3 können wir noch den folgenden Satz beweisen:

> <u>Satz 3.4</u>: Der Rang der Matrix $\mathfrak{A} \in \underline{\text{Lin}}(K^m,K^n)$ sei r $(r \in \underline{N})$.
> Dann haben alle Untermatrizen von $\mathfrak{A}$ höchstens den Rang r, und
> mindestens eine (r,r)-Untermatrix von $\mathfrak{A}$ ist nichtsingulär; ihr
> Rang ist also gleich r.

<u>Beweis</u>: Jede Untermatrix $\mathfrak{U}$ von $\mathfrak{A}$ läßt sich in der Form $\mathfrak{U} = \mathfrak{P}\mathfrak{A}\mathfrak{Z}$ mit geeigneten Matrizen $\mathfrak{P}$ und $\mathfrak{Z}$ schreiben (s. Abschnitt 3.2), und damit gilt

$$\text{Rang } \mathfrak{U} \leq \min(\text{Rang } \mathfrak{P}, \text{Rang } \mathfrak{A}, \text{Rang } \mathfrak{Z}) \leq r.$$

Hierdurch ist ein Teil des Satzes bewiesen.

Da der Rang der (n,m)-Matrix $\mathfrak{A}$ gleich r ist, folgt die Existenz einer r-elementigen, linear unabhängigen Menge von Spaltenvektoren $\mathfrak{A}e_i$. $\mathfrak{R}$ sei die aus diesen Spaltenvektoren gebildete (n,r)-Untermatrix von $\mathfrak{A}$. Es ist Rang $\mathfrak{R} = r$ und folglich Rang $\mathfrak{R}^T = r$. Aufgrund derselben Überlegungen finden wir nun eine r-spaltige Untermatrix $\mathfrak{D}$ von $\mathfrak{R}^T$ mit Rang $\mathfrak{D} = r$. $\mathfrak{D}$ ist eine nichtsinguläre (r,r)-Untermatrix von $\mathfrak{A}$. Damit ist alles gezeigt.

Faßt man $\mathfrak{x} \in K^n$ als Matrix aus $\underline{\text{Lin}}(K,K^n)$ auf, so ist $\mathfrak{x}^T$ definiert. $\mathfrak{x}^T$ ist eine einzeilige Matrix aus $\underline{\text{Lin}}(K^n,K)$, d.h. eine Linearform auf K^n. Für $x \in K$ ist insbesondere $x^T = x$.

Damit ist eine Darstellung der kanonischen Bilinearformen im Rahmen des Matrizenkalküls möglich:

Für $\mathfrak{x},\mathfrak{y} \in K^n$ gilt

$$\beta^{(n)}(\mathfrak{x},\mathfrak{y}) = \beta^{(n)}(\mathfrak{x}1,\mathfrak{y}) = \beta^{(1)}(1,\mathfrak{x}^T\mathfrak{y}) = 1 \cdot \mathfrak{x}^T\mathfrak{y} = \mathfrak{x}^T\mathfrak{y}.$$

Dabei ist $\mathfrak{x}^\mathsf{T}\mathfrak{y} = \mathfrak{y}^\mathsf{T}\mathfrak{x}$.

Hier sei noch folgender Zusammenhang mit dem Matrizenprodukt erwähnt:

Ist $\mathfrak{A}$ eine (p,m)-Matrix mit den Spalten $\mathfrak{A}e_i^{(m)} = a_i$ und $\mathfrak{B}$ eine (p,n)-Matrix mit den Spalten $\mathfrak{B}e_k^{(n)} = b_k$, so kann man $\mathfrak{A}^\mathsf{T}\mathfrak{B}$ bilden, und es gilt

$$\mathfrak{A}^\mathsf{T}\mathfrak{B} = \begin{pmatrix} a_1^{\mathsf{T}} b_1 & \cdots & a_1^{\mathsf{T}} b_n \\ \cdot & \cdots & \cdot \\ a_m^{\mathsf{T}} b_1 & \cdots & a_m^{\mathsf{T}} b_n \end{pmatrix}.$$

Insbesondere ist eine quadratische Matrix $\mathfrak{S}$ dann und nur dann orthogonal, wenn für die Spalten $\mathfrak{S}e_i = \mathfrak{s}_i$

$$\mathfrak{s}_i^{\mathsf{T}}\mathfrak{s}_k = \delta_{ik}$$

gilt.

Wie bereits gezeigt, gibt es zu jeder Bilinearform $\beta \in \underline{\mathrm{Mul}}(K^m, K^n)$ genau eine (m,n)-Matrix $\mathfrak{B} = \mathfrak{B}_\beta$ mit

$$\beta(\mathfrak{x},\mathfrak{y}) = \mathfrak{x}^\mathsf{T}\mathfrak{B}\mathfrak{y},$$

und umgekehrt ist jeder Matrix $\mathfrak{B}$ durch diese Beziehung eindeutig eine Bilinearform $\beta = \beta_\mathfrak{B}$ zugeordnet. Dabei besteht noch für $\mathfrak{B} = ((b_{ik}))$ der Zusammenhang

$$\beta\left(e_i^{(m)}, e_k^{(n)}\right) = b_{ik}.$$

Wir wenden uns nun dem allgemeinen Fall einer Bilinearform $\beta \in \underline{\mathrm{Mul}}(U,V)$ zu, wobei U und V endlichdimensionale K-Vektorräume sind.

Ist $\dim U = m$ und $\dim V = n$ $(m,n \in \underline{N})$, so gibt es Koordinatendarstellungen (d.h. Isomorphismen)

$$j_U : U \to K^m, \qquad j_V : V \to K^n,$$

und man erhält eine Bilinearform $\beta_0 \in \underline{\mathrm{Mul}}(K^m, K^n)$, die durch

$$\beta_0(\mathfrak{x}, \mathfrak{y}) = \beta(j_U^{-1}(\mathfrak{x}), j_V^{-1}(\mathfrak{y})) \qquad (\mathfrak{x} \in K^m, \mathfrak{y} \in K^n)$$

definiert ist.

Nach den vorangehenden Ausführungen gibt es eine eindeutig bestimmte (m,n)-Matrix $\mathfrak{B}$ mit

$$\beta_0(\mathfrak{x}, \mathfrak{y}) = \mathfrak{x}^T \mathfrak{B} \mathfrak{y},$$

d.h. mit

$$\beta(\underline{x}, \underline{y}) = \mathfrak{x}^T \mathfrak{B} \mathfrak{y} \qquad (\mathfrak{x} = j_U(\underline{x}),\ \mathfrak{y} = j_V(\underline{y}))$$

für alle $\underline{x} \in U$ und $\underline{y} \in V$. β ist damit bezüglich j_U und j_V eindeutig eine Matrix $\mathfrak{B}$ zugeordnet.

Gilt $\mathfrak{B} = ((b_{ik}))$ und sind $\{\underline{e}_1, \ldots, \underline{e}_m\}$, $\{\underline{\tilde{e}}_1, \ldots, \underline{\tilde{e}}_n\}$ die Basen von U bzw. V mit

$$j_U(\underline{e}_i) = e_i^{(m)}, \qquad j_V(\underline{\tilde{e}}_k) = e_k^{(n)},$$

so besteht die Beziehung

$$b_{ik} = \beta(\underline{e}_i, \underline{\tilde{e}}_k) \qquad (i = 1, \ldots, m,\ k = 1, \ldots, n).$$

Bei einem Wechsel der Koordinatendarstellungen ändert sich die β zugeordnete Matrix:

Sind $j_U' : U \to K^m$, $j_V' : V \to K^n$ ebenfalls Koordinatendarstellungen, so gilt mit

$$\mathfrak{T}_U = j_U \circ j_U'^{-1} \in \underline{\mathrm{Lin}}(K^m, K^m), \qquad \mathfrak{T}_V = j_V \circ j_V'^{-1} \in \underline{\mathrm{Lin}}(K^n, K^n)$$

die Beziehung

$$\beta(\underline{x}, \underline{y}) = \mathfrak{x}'^T (\mathfrak{T}_U^T \mathfrak{B} \mathfrak{T}_V) \mathfrak{y}' \qquad (\mathfrak{x}' = j_U'(\underline{x}),\ \mathfrak{y}' = j_V'(\underline{y}))$$

für alle $\underline{x} \in U$, $\underline{y} \in V$.

Bei einem Wechsel der Koordinatendarstellungen geht also $\mathfrak{B}$ in $\mathfrak{T}_U^T \mathfrak{B} \mathfrak{T}_V$ mit nichtsingulären Matrizen $\mathfrak{T}_U, \mathfrak{T}_V$ über.

<u>Aufgabe:</u> Für die nichtsingulären (n,n)-Matrizen $\mathfrak{A}$ und $\mathfrak{B}$ bestehe
die Beziehung

$$\mathfrak{A}^T\mathfrak{A} = \mathfrak{B}^T\mathfrak{B}.$$

Es ist nachzuweisen, daß $\mathfrak{A} = \mathfrak{S}\mathfrak{B}$ mit einer orthogonalen Matrix $\mathfrak{S}$
gilt.

4. Determinanten

4.1. Alternierende Multilinearformen

Aus Gründen einer einfacheren Formulierung erweist es sich als
zweckmäßig, neben den Begriffen der linearen Abhängigkeit und Unabhängigkeit für Mengen noch entsprechende für endliche Familien
von Vektoren einzuführen:

$\underline{\text{Definition 4.1}}$: V sei ein K-Vektorraum. Vektoren $\underline{x}_1, \dots, \underline{x}_n$
aus V heißen **l i n e a r a b h ä n g i g**, wenn es einen Index
$i_0 \in \{1, \dots, n\}$ gibt, so daß $\underline{x}_{i_0} \in \mathcal{L}\{\underline{x}_i \mid 1 \leqslant i \leqslant n, i \neq i_0\}$ ist.
Gibt es einen solchen Index nicht, heißen $\underline{x}_1, \dots, \underline{x}_n$ **l i n e a r
u n a b h ä n g i g**.

Sind die Vektoren $\underline{x}_1, \dots, \underline{x}_n$ paarweise verschieden, so zeigt ein
Vergleich mit Definition 2.9, daß die $\underline{x}_1, \dots, \underline{x}_n$ genau dann linear
abhängig (unabhängig) sind, wenn die zugehörige Menge $\{\underline{x}_1, \dots, \underline{x}_n\}$
linear abhängig (unabhängig) ist.

Die Vektoren $\underline{x}_1, \dots, \underline{x}_n$ sind immer linear abhängig, wenn
$i, j \in \{1, \dots, n\}$ mit $i \neq j$ und $\underline{x}_i = \underline{x}_j$ existieren.

$\underline{\text{Definition 4.2}}$: V sei ein K-Vektorraum. Eine Abbildung $\varphi \in \underline{\text{Mul}}_r(V)$
heißt **r-fache a l t e r n i e r e n d e M u l t i l i n e a r f o r m** von V,
wenn $\varphi(\underline{x}_1, \dots, \underline{x}_r) = 0$ für linear abhängige Vektoren
$\underline{x}_1, \dots, \underline{x}_r \in V$ ist.

Wir werden die Menge der r-fachen alternierenden Multilinearformen
von V mit $\underline{\text{Alt}}_r(V)$ bezeichnen.

$\underline{\text{Beispiel 4.1}}$: Die Nullabbildung in $\underline{\text{Mul}}_r(V)$ gehört zu $\underline{\text{Alt}}_r(V)$.

Es ist $\underline{\text{Alt}}_1(V) = \underline{\text{Mul}}_1(V) = \underline{\text{Lin}}(V, K)$.

$\underline{\text{Beispiel 4.2}}$: Wir betrachten den arithmetischen K-Vektorraum K^2.
Die Abbildung

$$\varphi : K^2 \times K^2 \to K, \quad \text{für} \quad a = \begin{pmatrix} a_1 \\ a_2 \end{pmatrix} \quad \text{und} \quad b = \begin{pmatrix} b_1 \\ b_2 \end{pmatrix}$$

$(a_i, b_i \in K)$, definiert durch $\varphi(a,b) = a_1 b_2 - b_1 a_2$, ist eine alternierende Bilinearform.

Man überlege sich, daß umgekehrt aus $\varphi(a,b) = 0$ die lineare Abhängigkeit von a, b folgt.

> **Satz 4.1:** V sei ein K-Vektorraum und $r \in \underline{N}$ mit $r \geqslant 2$. Eine Multilinearform $\varphi : V^r \to K$ ist genau dann alternierend, wenn $\varphi(\underline{x}_1, \ldots, \underline{x}_r) = 0$ für diejenigen r-tupel $(\underline{x}_1, \ldots, \underline{x}_r) \in V^r$ ist, zu denen $i, j \in \{1, \ldots, r\}$ mit $i \neq j$ und $\underline{x}_i = \underline{x}_j$ existieren.

Beweis: Es sei φ alternierend. Ist $(\underline{x}_1, \ldots, \underline{x}_r) \in V^r$ mit $\underline{x}_i = \underline{x}_j$ für $i \neq j$, so sind die Vektoren $\underline{x}_1, \ldots, \underline{x}_r$ linear abhängig, und es gilt $\varphi(\underline{x}_1, \ldots, \underline{x}_r) = 0$.

Wir zeigen nun umgekehrt, daß eine Multilinearform φ mit der im Satz genannten Eigenschaft alternierend ist: Die Vektoren $\underline{x}_1, \ldots, \underline{x}_r$ seien linear abhängig. Dann ist einer unter ihnen - etwa $\underline{x}_1$ - als Linearkombination der übrigen darstellbar: $\underline{x}_1 = a_2 \underline{x}_2 + \ldots + a_r \underline{x}_r$ $(a_k \in K)$. Da φ Multilinearform ist, erhält man

$$\varphi(\underline{x}_1, \ldots, \underline{x}_r) = \varphi(a_2 \underline{x}_2 + \ldots + a_r \underline{x}_r, \underline{x}_2, \ldots, \underline{x}_r) =$$
$$a_2 \varphi(\underline{x}_2, \underline{x}_2, \ldots, \underline{x}_r) + \ldots + a_r \varphi(\underline{x}_r, \underline{x}_2, \ldots, \underline{x}_r).$$

Nach Voraussetzung sind alle Summanden 0, und daher folgt $\varphi(\underline{x}_1, \ldots, \underline{x}_r) = 0$. φ ist also alternierend.

Im folgenden seien einige Eigenschaften von alternierenden Multilinearformen zusammengestellt.

> **Satz 4.2:** V sei ein K-Vektorraum und $\varphi : V^r \to K$ eine alternierende Multilinearform. Dann gilt:
>
> (a) Ist V endlich erzeugbar und gilt $r > \dim V$, so ist φ die Nullabbildung.
>
> (b) Es sei $(\underline{x}_1, \ldots, \underline{x}_r) \in V^r$ und $i_0 \in \{1, \ldots, r\}$. Für jedes $\underline{y} \in \mathscr{L}\{\underline{x}_i \mid 1 \leqslant i \leqslant r, i \neq i_0\}$ ist

$$\varphi(\underline{x}_1, \ldots, \underline{x}_{i_0}, \ldots, \underline{x}_r) =$$
$$\varphi(\underline{x}_1, \ldots, \underline{x}_{i_0} + \underline{y}, \ldots, \underline{x}_r).$$

(c) Für jede Permutation π auf der Menge $\{1, \ldots, r\}$ ist
$$\varphi(\underline{x}_1, \ldots, \underline{x}_r) = \mathrm{sgn}\,\pi\ \varphi(\underline{x}_{\pi(1)}, \ldots, \underline{x}_{\pi(r)}) \quad (\underline{x}_i \in V).$$

<u>Beweis:</u> (a) Es sei $(\underline{x}_1, \ldots, \underline{x}_r) \in V^r$. Gilt $\underline{x}_i = \underline{x}_j$ für $i \neq j$, so folgt $\varphi(\underline{x}_1, \ldots, \underline{x}_r) = 0$. Sind die Vektoren $\underline{x}_i$ paarweise verschieden, dann ist die Menge $\{\underline{x}_1, \ldots, \underline{x}_r\}$ im Falle $r > \dim V$ immer linear abhängig (s. Lemma 2.7), mithin sind es auch die $\underline{x}_1, \ldots, \underline{x}_r$ im Sinne von Definition 4.1. φ nimmt daher ebenfalls den Wert 0 an.

(b) Wegen $\underline{y} \in \mathscr{L}\{\underline{x}_i \mid 1 \leq i \leq r, i \neq i_0\}$ sind die Vektoren $\underline{x}_1, \ldots, \underline{x}_{i_0-1}$, $\underline{y}, \underline{x}_{i_0+1}, \ldots, \underline{x}_r$ nach Definition 4.1. linear abhängig. Also ist
$$\varphi(\underline{x}_1, \ldots, \underline{x}_{i_0-1}, \underline{y}, \underline{x}_{i_0+1}, \ldots, \underline{x}_r) = 0.$$

Da φ Multilinearform ist, folgt dann Behauptung (b).

(c) Der Fall $r = 1$ ist trivial. Es sei nun $r \geq 2$. Wir zeigen Aussage (c) für Transpositionen; daraus ergibt sie sich sofort für beliebige Permutationen (s. Anhang).

Es seien $i, j \in \{1, \ldots, r\}$ mit $i < j$. Für $(\underline{x}_1, \ldots, \underline{x}_i, \ldots, \underline{x}_j, \ldots, \underline{x}_r) \in V^r$ erhält man durch mehrfaches Anwenden von (b)
$$\varphi(\ldots, \underline{x}_i, \ldots, \underline{x}_j, \ldots) = \varphi(\ldots, \underline{x}_i - \underline{x}_j, \ldots, \underline{x}_j, \ldots) =$$
$$\varphi(\ldots, \underline{x}_i - \underline{x}_j, \ldots, \underline{x}_j + (\underline{x}_i - \underline{x}_j), \ldots) =$$
$$\varphi(\ldots, \underline{x}_i - \underline{x}_j, \ldots, \underline{x}_i, \ldots) =$$
$$\varphi(\ldots, -\underline{x}_j, \ldots, \underline{x}_i, \ldots) =$$
$$-\varphi(\ldots, \underline{x}_j, \ldots, \underline{x}_i, \ldots).$$

Damit ist die Behauptung für die Transposition, die i und j vertauscht, bewiesen.

V sei ein K-Vektorraum. Man weist leicht nach, daß $\underline{\mathrm{Alt}}_r(V)$ einen Unterraum von $\underline{\mathrm{Mul}}_r(V)$ bildet. Wir versehen $\underline{\mathrm{Alt}}_r(V)$ mit der induzierten Vektorraumstruktur und sprechen künftig in diesem Sinne von dem K-Vektorraum der r-fachen alternierenden Multilinearformen von V.

Ist V endlichdimensional, so auch $\underline{\mathrm{Alt}}_r(V)$ als Unterraum des endlichdimensionalen Raumes $\underline{\mathrm{Mul}}_r(V)$. Wir stellen uns nun die Aufgabe, eine Basis für $\underline{\mathrm{Alt}}_r(V)$ anzugeben und damit auch seine Dimension zu bestimmen.

Ist $r > \dim V$, so gilt offensichtlich $\dim \underline{\mathrm{Alt}}_r(V) = 0$. Für $r = 1$ ist das Problem wegen $\underline{\mathrm{Alt}}_1(V) = \underline{\mathrm{Lin}}(V,K)$ ebenfalls gelöst. Nach Satz 2.23 ist dann $\dim \underline{\mathrm{Alt}}_1(V) = \dim V$. Das folgende Lemma dient der Konstruktion geeigneter alternierender Multilinearformen, mit denen eine Aussage in allen Fällen möglich wird.

> **Lemma 4.1:** Es seien V ein endlichdimensionaler Vektorraum, $\varphi \in \underline{\mathrm{Alt}}_r(V)$ eine alternierende Multilinearform und $q \in \underline{\mathrm{Lin}}(V,K)$ eine Linearform. Dann ist durch
>
> $$\psi(\underline{x}_1, \ldots, \underline{x}_{r+1}) =$$
>
> $$\sum_{i=1}^{r+1} (-1)^i q(\underline{x}_i) \varphi(\underline{x}_1, \ldots, \underline{x}_{i-1}, \underline{x}_{i+1}, \ldots, \underline{x}_{r+1})$$
>
> für $\underline{x}_1, \ldots, \underline{x}_{r+1} \in V$ eine alternierende Multilinearform $\psi \in \underline{\mathrm{Alt}}_{r+1}(V)$ definiert.

Beweis: Aus der Linearität von q und der Multilinearität von φ ergibt sich sofort, daß $\psi \in \underline{\mathrm{Mul}}_{r+1}(V)$ ist.

Um zu zeigen, daß ψ alternierend ist, benutzen wir Satz 4.1: Für das $(r+1)$-tupel $(\underline{x}_1, \ldots, \underline{x}_{r+1}) \in V^{r+1}$ sei $\underline{x}_j = \underline{x}_k$ mit zwei ganzen Zahlen j, k $(1 \leq j < k \leq r + 1)$ vorausgesetzt. Für $i \neq j$ und $i \neq k$ ist dann $\varphi(\underline{x}_1, \ldots, \underline{x}_{i-1}, \underline{x}_{i+1}, \ldots, \underline{x}_{r+1}) = 0$. Dadurch ergibt sich die vereinfachte Beziehung

$$\psi(\underline{x}_1, \ldots, \underline{x}_{r+1}) =$$
$$(-1)^j q(\underline{x}_j) \varphi(\underline{x}_1, \ldots, \underline{x}_{j-1}, \underline{x}_{j+1}, \ldots, \underline{x}_{r+1})$$
$$+ (-1)^k q(\underline{x}_k) \varphi(\underline{x}_1, \ldots, \underline{x}_{k-1}, \underline{x}_{k+1}, \ldots, \underline{x}_{r+1}) =$$
$$q(\underline{x}_j) \left((-1)^j \varphi(\underline{x}_1, \ldots, \underline{x}_{j-1}, \underline{x}_{j+1}, \ldots, \underline{x}_{r+1}) \right.$$
$$\left. + (-1)^k \varphi(\underline{x}_1, \ldots, \underline{x}_{k-1}, \underline{x}_{k+1}, \ldots, \underline{x}_{r+1}) \right).$$

Indem man der Reihe nach für $i = j + 1, \ldots, k - 1$ die an $(i-1)$-ter und an i-ter Stelle stehenden Vektoren vertauscht, erhält man

$$\varphi(\underline{x}_1,\ldots,\underline{x}_{j-1},\underline{x}_j,\underline{x}_{j+1},\ldots,\underline{x}_{k-1},\underline{x}_{k+1},\ldots,\underline{x}_{r+1}) =$$

$$- \varphi(\underline{x}_1,\ldots,\underline{x}_{j-1},\underline{x}_{j+1},\underline{x}_j,\ldots,\underline{x}_{k-1},\underline{x}_{k+1},\ldots,\underline{x}_{r+1}) =$$

$$\ldots\ldots\ldots\ldots\ldots\ldots\ldots\ldots\ldots\ldots\ldots\ldots$$

$$= (-1)^{i-j}\varphi(\underline{x}_1,\ldots,\underline{x}_{j-1},\underline{x}_{j+1},\ldots,\underline{x}_i,\underline{x}_j,\underline{x}_{i+1},\ldots,\underline{x}_{k-1},\underline{x}_{k+1},\ldots,\underline{x}_{r+1}) =$$

$$\ldots\ldots\ldots\ldots\ldots\ldots\ldots\ldots\ldots\ldots\ldots\ldots$$

$$= (-1)^{k-1-j}\varphi(\underline{x}_1,\ldots,\underline{x}_{j-1},\underline{x}_{j+1},\ldots,\underline{x}_{k-1},\underline{x}_j,\underline{x}_{k+1},\ldots,\underline{x}_{r+1}) =$$

$$(-1)^{k-1-j}\varphi(\underline{x}_1,\ldots,\underline{x}_{j-1},\underline{x}_{j+1},\ldots,\underline{x}_{k-1},\underline{x}_k,\underline{x}_{k+1},\ldots,\underline{x}_{r+1}) .$$

Aus den hergeleiteten Beziehungen ergibt sich nun sofort
$\psi(\underline{x}_1,\ldots,\underline{x}_{r+1}) = 0$. Infolgedessen gilt $\psi \in \underline{Alt}_{r+1}(V)$.

Das folgende Lemma zeigt, daß zu jedem r mit $1 \leqslant r \leqslant \dim V$ nicht-
triviale alternierende Multilinearformen aus $\underline{Alt}_r(V)$ existieren.

> Lemma 4.2: V sei ein endlichdimensionaler K-Vektorraum
> $(\dim V \neq 0)$, B eine Basis von V und r eine natürliche Zahl
> mit $r \leqslant \dim V$. Zu jedem r-tupel $(\underline{b}_1,\ldots,\underline{b}_r) \in B^r$ mit $\underline{b}_i \neq \underline{b}_k$
> für $i \neq k$ gibt es eine alternierende Multilinearform $\varphi \in \underline{Alt}_r(V)$,
> so daß gilt:
>
> (a) $\varphi(\underline{b}_1,\ldots,\underline{b}_r) = 1$,
> (b) $\varphi(\underline{b}'_1,\ldots,\underline{b}'_r) = 0$ für $\underline{b}'_1,\ldots,\underline{b}'_r \in B$ mit
> $\{\underline{b}'_1,\ldots,\underline{b}'_r\} \neq \{\underline{b}_1,\ldots,\underline{b}_r\}$.

Beweis: Es sei r eine natürliche Zahl mit $r < \dim V$. Wir nehmen
an, daß für dieses r die Aussage des Lemmas richtig ist und zeigen
nun, daß sie dann auch für $r + 1$ erfüllt ist.

Es sei also B eine Basis von V und $A = \{\underline{b}_1,\ldots,\underline{b}_{r+1}\}$ eine aus
$r + 1$ verschiedenen Vektoren bestehende Teilmenge von B. Nach
unserer Voraussetzung existiert eine alternierende Multilinearform
$\varphi \in \underline{Alt}_r(V)$ mit $\varphi(\underline{b}_1,\ldots,\underline{b}_r) = 1$ und $\varphi(\underline{b}'_1,\ldots,\underline{b}'_r) = 0$ für
$\{\underline{b}'_1,\ldots,\underline{b}'_r\} \neq A \setminus \{\underline{b}_{r+1}\}$. Wir definieren nun eine Linearform
$q \in \underline{Lin}(V,K)$ durch Angabe ihrer Wirkung auf die Elemente der

Basis von V:

$$q(\underline{b}_{r+1}) = (-1)^{r+1}, \quad q(\underline{b}) = 0 \quad \text{für alle} \quad \underline{b} \in B \setminus \{\underline{b}_{r+1}\}.$$

Aus φ und q läßt sich auf die in Lemma 4.1 angegebene Weise eine alternierende Multilinearform $\psi \in \underline{Alt}_{r+1}(V)$ konstruieren. Dabei gilt offensichtlich

$$\varphi(\underline{b}_1, \dots, \underline{b}_{i-1}, \underline{b}_{i+1}, \dots, \underline{b}_{r+1}) = 0 \quad \text{für} \quad i < r+1$$

und

$$\varphi(\underline{b}_1, \dots, \underline{b}_r) = 1,$$

also

$$\psi(\underline{b}_1, \dots, \underline{b}_{r+1}) = (-1)^{r+1} q(\underline{b}_{r+1}) = 1.$$

Es sei $A' = \{\underline{b}_1', \dots, \underline{b}_{r+1}'\}$ eine Teilmenge von B mit $A' \neq A$. Dann ist für jedes i $(1 \leqslant i \leqslant r+1)$ mindestens eine der Aussagen $\underline{b}_i' \neq \underline{b}_{r+1}$ oder $A' \setminus \{\underline{b}_i'\} \neq A \setminus \{\underline{b}_{r+1}\}$ erfüllt. Daher ist

$$\varphi(\underline{b}_1', \dots, \underline{b}_{i-1}', \underline{b}_{i+1}', \dots, \underline{b}_{r+1}') = 0$$

oder $q(\underline{b}_i') = 0$, also

$$q(\underline{b}_i')\varphi(\underline{b}_1', \dots, \underline{b}_{i-1}', \underline{b}_{i+1}', \dots, \underline{b}_{r+1}') = 0$$

für alle i und somit $\psi(\underline{b}_1', \dots, \underline{b}_{r+1}') = 0$.

$\psi \in \underline{Alt}_{r+1}(V)$ besitzt also die im Lemma genannten Eigenschaften.

Da nun wegen $\underline{Alt}_1(V) = \underline{Lin}(V, K)$ die Richtigkeit des Lemmas für $r = 1$ aus dem Fortsetzungssatz für lineare Abbildungen folgt, ergibt sich aus dem eben Bewiesenen die Richtigkeit für alle r mit $1 \leqslant r \leqslant \dim V$.

Es sei wieder B eine Basis des n-dimensionalen K-Vektorraumes V. Wie wir wissen, ist eine Multilinearform $\mu \in \underline{Mul}_r(V)$ bereits durch die Einschränkung $\mu|B^r$ eindeutig bestimmt. Da eine alternierende Multilinearform $\varphi \in \underline{Alt}_r(V)$ zusätzliche Eigenschaften hat, sind für φ noch weitergehende Aussagen möglich. Um diese klar formulieren zu können, benötigen wir die folgende Vorbetrachtung:

Die Vektoren aus B seien in irgendeiner Weise numeriert, so daß wir $B = \{\underline{b}_1, \ldots, \underline{b}_n\}$ schreiben können. Jedes r-tupel aus B^r, das aus r verschiedenen Vektoren besteht, läßt sich dann mit (mindestens) einer Permutation π aus der symmetrischen Gruppe $\mathfrak{S}_n$ (s. Anhang) in der Form $\left(\underline{b}_{\pi(1)}, \ldots, \underline{b}_{\pi(r)}\right)$ darstellen. Wir definieren die Menge

$$\mathfrak{S}_n^{(r)} = \left\{\sigma \mid \sigma \in \mathfrak{S}_n, \sigma(1) < \ldots < \sigma(r), \sigma(r+1) < \ldots < \sigma(n)\right\}. \quad (4.1)$$

Wesentlich sind für uns die folgenden Eigenschaften von $\mathfrak{S}_n^{(r)}$:

(a) Zu jeder Permutation $\pi \in \mathfrak{S}_n$ existiert ein $\sigma \in \mathfrak{S}_n^{(r)}$ mit $\{\pi(1), \ldots, \pi(r)\} = \{\sigma(1), \ldots, \sigma(r)\}$.

(b) Aus $\sigma, \sigma' \in \mathfrak{S}_n^{(r)}$ und $\{\sigma(1), \ldots, \sigma(r)\} = \{\sigma'(1), \ldots, \sigma'(r)\}$ folgt $\sigma = \sigma'$.

<u>Satz 4.3</u>: V sei ein n-dimensionaler K-Vektorraum $(n > 0)$, $B = \{\underline{b}_1, \ldots, \underline{b}_n\}$ eine Basis von V und r eine natürliche Zahl mit $r \leq n$. Mit der durch (4.1) erklärten Menge $\mathfrak{S}_n^{(r)}$ von Permutationen sei

$$B^{(r)} = \left\{\left(\underline{b}_{\sigma(1)}, \ldots, \underline{b}_{\sigma(r)}\right) \mid \sigma \in \mathfrak{S}_n^{(r)}\right\}.$$

Die alternierenden Multilinearformen φ_1 und φ_2 als $\underline{\mathrm{Alt}}_r(V)$ sind dann und nur dann gleich, wenn $\varphi_1 | B^{(r)} = \varphi_2 | B^{(r)}$ gilt.

<u>Beweis</u>: Es sei $\varphi_1 | B^{(r)} = \varphi_2 | B^{(r)}$ vorausgesetzt. Weil φ_1 und φ_2 Multilinearformen sind, genügt es zum Nachweis der Gleichheit von φ_1 und φ_2 zu zeigen, daß $\varphi_1 | B^r = \varphi_2 | B^r$ gilt. Es sei $(\underline{b}_1', \ldots, \underline{b}_r') \in B^r$. Gibt es Zahlen j, k mit $j \neq k$ und $\underline{b}_j' = \underline{b}_k'$, so folgt $\varphi_i(\underline{b}_1', \ldots, \underline{b}_r') = 0$ für $i = 1, 2$, da φ_1 und φ_2 alternierend sind. Sind jedoch alle Vektoren dieses r-tupels untereinander verschieden, so existieren Permutationen $\rho \in \mathfrak{S}_r$ und $\sigma \in \mathfrak{S}_n^{(r)}$ mit

$$\left(\underline{b}_{\rho(1)}', \ldots, \underline{b}_{\rho(r)}'\right) = \left(\underline{b}_{\sigma(1)}, \ldots, \underline{b}_{\sigma(r)}\right).$$

Daher gilt $\varphi_i(\underline{b}_1', \ldots, \underline{b}_r') = \mathrm{sgn}\rho\, \varphi_i\left(\underline{b}_{\rho(1)}', \ldots, \underline{b}_{\rho(r)}'\right) = \mathrm{sgn}\rho\, \varphi_i\left(\underline{b}_{\sigma(1)}, \ldots, \underline{b}_{\sigma(r)}\right)$ für $i = 1, 2$. Nach Voraussetzung ist aber

$$\varphi_1\left(\underline{b}_{\sigma(1)}, \ldots, \underline{b}_{\sigma(r)}\right) = \varphi_2\left(\underline{b}_{\sigma(1)}, \ldots, \underline{b}_{\sigma(r)}\right).$$

Damit ist die Gleichheit $\varphi_1|B^r = \varphi_2|B^r$ bewiesen.

Um Irrtümer zu vermeiden, sei darauf hingewiesen, daß die Menge $B^{(r)}$ durch Angabe von r und B im allgemeinen nicht eindeutig bestimmt ist, sondern wesentlich von der gewählten Numerierung der Elemente in B abhängt.

Als Schlußfolgerung aus Lemma 4.2 und Satz 4.3 ergibt sich nun, daß bei gegebener Basis $\{\underline{b}_1,\ldots,\underline{b}_n\}$ des n-dimensionalen K-Vektorraumes V zu jeder Permutation $\sigma \in \mathfrak{S}_n^{(r)}$ genau eine alternierende Multilinearform $\varphi_\sigma \in \underline{\mathrm{Alt}}_r(V)$ mit den folgenden Eigenschaften existiert:

$$\varphi_\sigma\left(\underline{b}_{\sigma(1)},\ldots,\underline{b}_{\sigma(r)}\right) = 1,$$

$$\varphi_\sigma\left(\underline{b}_{\sigma'(1)},\ldots,\underline{b}_{\sigma'(r)}\right) = 0 \quad \text{für} \quad \sigma' \in \mathfrak{S}_n^{(r)}, \quad \sigma' \neq \sigma. \qquad (4.2)$$

> $\underline{\text{Satz 4.4}}$: V sei ein K-Vektorraum der Dimension n $(n > 0)$, $B = \{\underline{b}_1,\ldots,\underline{b}_n\}$ eine Basis von V und $r \in \underline{N}$ mit $r \leqslant n$. Mit den durch (4.1) und (4.2) erklärten Bezeichnungen gilt:
>
> (a) Die Menge $\Phi_{r,(\underline{b}_1,\ldots,\underline{b}_n)} = \left\{\varphi_\sigma \,|\, \sigma \in \mathfrak{S}_n^{(r)}\right\}$ ist eine Basis des K-Vektorraumes $\underline{\mathrm{Alt}}_r(V)$.
>
> (b) Es ist $\dim \underline{\mathrm{Alt}}_r(V) = \binom{n}{r}$.

$\underline{\text{Beweis}}$: Aufgrund ihrer Konstruktion enthält die Menge $\mathfrak{S}_n^{(r)}$ genau $\binom{n}{r}$ Permutationen (vgl. Anhang). Da für $\sigma, \sigma' \in \mathfrak{S}_n^{(r)}$ mit $\sigma \neq \sigma'$ stets $\varphi_\sigma \neq \varphi_{\sigma'}$ gilt, besteht auch $\Phi_{r,(\underline{b}_1,\ldots,\underline{b}_n)}$ aus $\binom{n}{r}$ verschiedenen Elementen.

Es sei φ ein beliebiges Element aus $\underline{\mathrm{Alt}}_r(V)$. Wir vergleichen nun φ mit der alternierenden Multilinearform $\displaystyle\sum_{\sigma \in \mathfrak{S}_n^{(r)}} c_\sigma \varphi_\sigma$ aus $\underline{\mathrm{Alt}}_r(V)$, wobei $c_\sigma = \varphi\left(\underline{b}_{\sigma(1)},\ldots,\underline{b}_{\sigma(r)}\right)$ für $\sigma \in \mathfrak{S}_n^{(r)}$ ist. Wir stellen fest, daß für die Einschränkungen $\varphi|B^{(r)} = \left(\displaystyle\sum_\sigma c_\sigma \varphi_\sigma\right)|B^{(r)}$ ist und damit

$\varphi = \displaystyle\sum_\sigma c_\sigma \varphi_\sigma$ gilt. Man sieht auch sofort, daß dies die einzig mögliche

Darstellung von φ als Linearkombination der φ_σ ist. Daher ist $\Phi_{r,(\underline{b}_1,\ldots,\underline{b}_n)}$ eine Basis von $\underline{\mathrm{Alt}}_r(V)$, und damit ist auch

$$\dim \underline{\mathrm{Alt}}_r(V) = \binom{n}{r} \text{ gezeigt.}$$

Wir betrachten nun den eindimensionalen Raum $\underline{\mathrm{Alt}}_n(V)$ $(\dim V = n)$. Es seien $\underline{x}_1,\ldots,\underline{x}_n$ linear unabhängige Vektoren aus V. Dann ist $\{\underline{x}_1,\ldots,\underline{x}_n\}$ eine Basis von V. Nach Satz 4.3 liegt eine alternierende Multilinearform $\varphi \in \underline{\mathrm{Alt}}_n(V)$ bereits eindeutig durch Angabe von $\varphi(\underline{x}_1,\ldots,\underline{x}_n) \in K$ fest. Ist nun φ von der Nullabbildung verschieden, so muß $\varphi(\underline{x}_1,\ldots,\underline{x}_n) \neq 0$ sein. Damit ergibt sich der folgende Satz:

<u>Satz 4.5</u>: V sei ein K-Vektorraum der Dimension n $(n > 0)$ und φ eine von der Nullabbildung verschiedene alternierende Multilinearform aus $\underline{\mathrm{Alt}}_n(V)$. Es gilt $\varphi(\underline{x}_1,\ldots,\underline{x}_n) \neq 0$ dann und nur dann, wenn die Vektoren $\underline{x}_1,\ldots,\underline{x}_n \in V$ linear unabhängig sind.

V sei weiterhin ein K-Vektorraum der Dimension n $(n > 0)$ und $\{\underline{b}_1,\ldots,\underline{b}_n\}$ eine Basis von V.

Es sei σ eine Permutation aus $\mathfrak{S}_n^{(r)}$. Dann gehört die durch $\bar{\sigma}(i) = \sigma(i+r)$ für $i = 1,\ldots,n-r$ und $\bar{\sigma}(i) = \sigma(i-n+r)$ für $i = n-r+1,\ldots,n$ definierte Permutation $\bar{\sigma}$ offensichtlich zu $\mathfrak{S}_n^{(n-r)}$. Indem man nun jedem $\sigma \in \mathfrak{S}_n^{(r)}$ das entsprechende $\bar{\sigma} \in \mathfrak{S}_n^{(n-r)}$ zuordnet, erhält man eine bijektive Abbildung von $\mathfrak{S}_n^{(r)}$ auf $\mathfrak{S}_n^{(n-r)}$.

Aus diesen Überlegungen ergibt sich, daß durch

$$\begin{aligned} \bar{\varphi}_\sigma\big(\underline{b}_{\sigma(r+1)},\ldots,\underline{b}_{\sigma(n)}\big) &= 1, \\ \bar{\varphi}_\sigma\big(\underline{b}_{\sigma'(r+1)},\ldots,\underline{b}_{\sigma'(n)}\big) &= 0 \quad \text{für} \quad \sigma' \in \mathfrak{S}_n^{(r)}, \quad \sigma' \neq \sigma \end{aligned} \tag{4.3}$$

zu jedem $\sigma \in \mathfrak{S}_n^{(r)}$ eindeutig eine alternierende Multilinearform $\bar{\varphi}_\sigma \in \underline{\mathrm{Alt}}_{n-r}(V)$ definiert ist und daß

$$\Phi_{n-r,(\underline{b}_1,\ldots,\underline{b}_n)} = \left\{\bar{\varphi}_\sigma \mid \sigma \in \mathfrak{S}_n^{(r)}\right\}$$

gilt.

<u>Lemma 4.3:</u> Unter den Voraussetzungen und mit den Bezeich-
nungen des Satzes 4.4 gilt für $\psi \in \underline{Alt}_n(V)$ mit $\psi(\underline{b}_1, \ldots, \underline{b}_n) = 1$:

Sind für $\sigma \in \mathfrak{S}_n^{(r)}$ die alternierenden Multilinearformen $\varphi_\sigma \in \underline{Alt}_r(V)$
und $\bar{\varphi}_\sigma \in \underline{Alt}_{n-r}(V)$ durch (4.2) bzw. (4.3) erklärt, so bestehen
die Beziehungen

$$\varphi_\sigma(\underline{x}_1, \ldots, \underline{x}_r) = \mathrm{sgn}\sigma\, \psi(\underline{x}_1, \ldots, \underline{x}_r, \underline{b}_{\sigma(r+1)}, \ldots, \underline{b}_{\sigma(n)}),$$

$$\bar{\varphi}_\sigma(\underline{y}_1, \ldots, \underline{y}_{n-r}) = \mathrm{sgn}\sigma\, \psi(\underline{b}_{\sigma(1)}, \ldots, \underline{b}_{\sigma(r)}, \underline{y}_1, \ldots, \underline{y}_{n-r})$$

für alle $\underline{x}_1, \ldots, \underline{x}_r, \underline{y}_1, \ldots, \underline{y}_{n-r} \in V$.

Der Beweis ergibt sich durch Einsetzen von Basiselementen.

Während Lemma 4.3 zeigt, wie man mit Hilfe der durch $(\underline{b}_1, \ldots, \underline{b}_n)$
eindeutig bestimmten Multilinearform ψ aus $\underline{Alt}_n(V)$ sich zu jedem
r $(r \leqslant n)$ Basen der K-Vektorräume $\underline{Alt}_r(V)$ konstruieren kann,
stellt der folgende Satz in gewissem Sinne die Umkehrung dar.

<u>Satz 4.6:</u> Es seien V ein K-Vektorraum der Dimension n $(n > 0)$,
$\{\underline{b}_1, \ldots, \underline{b}_n\}$ eine Basis von V und $\psi \in \underline{Alt}_n(V)$ die durch
$\psi(\underline{b}_1, \ldots, \underline{b}_n) = 1$ bestimmte alternierende Multilinearform. Mit
den durch (4.1), (4.2) und (4.3) gegebenen Festlegungen gilt

$$\psi(\underline{x}_1, \ldots, \underline{x}_n) = \sum_{\sigma \in \mathfrak{S}_n^{(r)}} \mathrm{sgn}\sigma \cdot \varphi_\sigma(\underline{x}_1, \ldots, \underline{x}_r) \cdot \bar{\varphi}_\sigma(\underline{x}_{r+1}, \ldots, \underline{x}_n)$$

für beliebige Vektoren $\underline{x}_1, \ldots, \underline{x}_n \in V$.

<u>Beweis:</u> Es sei $(\underline{x}_1, \ldots, \underline{x}_n)$ ein beliebiges n-tupel von Vektoren
aus V. Wir definieren die Abbildung $\varphi : V^r \to K$ durch $\varphi(\underline{y}_1, \ldots, \underline{y}_r) =$
$\psi(\underline{y}_1, \ldots, \underline{y}_r, \underline{x}_{r+1}, \ldots, \underline{x}_n)$ für $\underline{y}_1, \ldots, \underline{y}_r \in V$. Offenbar ist $\varphi \in \underline{Alt}_r(V)$.
Daher hat φ bezüglich der Basis $\Phi_{r,(\underline{b}_1, \ldots, \underline{b}_n)}$ (vgl. Satz 4.4) eine

Darstellung $\varphi = \sum_{\sigma \in \mathfrak{S}_n^{(r)}} c_\sigma \varphi_\sigma$ mit $c_\sigma \in K$. Dabei ist

$$c_\sigma = \varphi(\underline{b}_{\sigma(1)}, \ldots, \underline{b}_{\sigma(r)}) =$$

$$\psi(\underline{b}_{\sigma(1)}, \ldots, \underline{b}_{\sigma(r)}, \underline{x}_{r+1}, \ldots, \underline{x}_n) =$$

$$\mathrm{sgn}\,\sigma\, \bar{\varphi}_\sigma(\underline{x}_{r+1}, \ldots, \underline{x}_n).$$

Durch Einsetzen ergibt sich daraus die gewünschte Beziehung.

Später benötigen wir die folgenden Relationen, mit denen die alternierenden Multilinearformen φ_σ und $\bar{\varphi}_\sigma$ aus $\underline{\mathrm{Alt}}_r(V)$ bzw. aus $\underline{\mathrm{Alt}}_{n-r}(V)$ zu alternierenden Multilinearformen auf Unterräumen in Beziehung gebracht werden:

> Lemma 4.4: Unter den Voraussetzungen und mit den Bezeichnungen von Satz 4.6 sind für $\sigma \in \mathfrak{S}_n^{(r)}$ die Unterräume U_σ, $\overline{U}_\sigma$ von V und die Abbildungen $p_\sigma \in \underline{\mathrm{Lin}}(V, U_\sigma)$, $\bar{p}_\sigma \in \underline{\mathrm{Lin}}(V, \overline{U}_\sigma)$, $\psi_\sigma \in \underline{\mathrm{Alt}}_r(U_\sigma)$, $\bar{\psi}_\sigma \in \underline{\mathrm{Alt}}_{n-r}(\overline{U}_\sigma)$ durch die Beziehungen
>
> $$U_\sigma = \mathcal{L}\{\underline{b}_{\sigma(1)}, \ldots, \underline{b}_{\sigma(r)}\},$$
>
> $$\overline{U}_\sigma = \mathcal{L}\{\underline{b}_{\sigma(r+1)}, \ldots, \underline{b}_{\sigma(n)}\},$$
>
> $$p_\sigma(\underline{b}_{\sigma(i)}) = \underline{b}_{\sigma(i)} \ \text{ für } i \leqslant r, \ p_\sigma(\underline{b}_{\sigma(i)}) = 0 \ \text{ für } i > r,$$
>
> $$\bar{p}_\sigma(\underline{b}_{\sigma(i)}) = 0 \ \text{ für } i \leqslant r, \ \bar{p}_\sigma(\underline{b}_{\sigma(i)}) = \underline{b}_{\sigma(i)} \ \text{ für } i > r,$$
>
> $$\psi_\sigma(\underline{b}_{\sigma(1)}, \ldots, \underline{b}_{\sigma(r)}) = 1,$$
>
> $$\bar{\psi}_\sigma(\underline{b}_{\sigma(r+1)}, \ldots, \underline{b}_{\sigma(n)}) = 1$$
>
> eindeutig definiert, und es gilt
>
> $$\psi_\sigma(p_\sigma(\underline{x}_1), \ldots, p_\sigma(\underline{x}_r)) = \varphi_\sigma(\underline{x}_1, \ldots, \underline{x}_r),$$
>
> $$\bar{\psi}_\sigma(\bar{p}_\sigma(\underline{x}_{r+1}), \ldots, \bar{p}_\sigma(\underline{x}_n)) = \bar{\varphi}_\sigma(\underline{x}_{r+1}, \ldots, \underline{x}_n)$$
>
> für beliebige Vektoren $\underline{x}_1, \ldots, \underline{x}_n \in V$.

Beweis: Wir haben lediglich die Richtigkeit der zum Schluß angegebenen Gleichungen nachzuweisen:

Durch

$$\mu(\underline{x}_1, \ldots, \underline{x}_r) = \psi_\sigma(p_\sigma(\underline{x}_1), \ldots, p_\sigma(\underline{x}_r))$$

für $\underline{x}_1, \ldots, \underline{x}_r \in V$ ist offenbar eine alternierende Multilinearform $\mu \in \underline{\mathrm{Alt}}_r(V)$ definiert. Man rechnet leicht nach, daß für alle $\rho \in \mathfrak{S}_n^{(r)}$

$$\mu(\underline{b}_{\rho(1)},\ldots,\underline{b}_{\rho(r)}) = \varphi_\sigma(\underline{b}_{\rho(1)},\ldots,\underline{b}_{\rho(r)})$$

gilt. Folglich ist $\mu = \varphi_\sigma$.

In gleicher Weise beweist man die Beziehung für $\overline{\varphi}_\sigma$.

4.2. Determinante eines Endomorphismus

V sei ein K-Vektorraum der Dimension n $(n > 0)$. Jedem Endomorphismus auf V, also jeder linearen Abbildung von V in sich, ordnen
wir nun mit Hilfe der alternierenden Multilinearformen ein Körperelement zu. An diesem Körperelement wird zu erkennen sein, ob
es sich um einen Automorphismus handelt oder nicht. Charakte-
ristisch ist das Auftreten dieses Skalars bei der Berechnung des Inversen eines Automorphismus und bei Problemen, die damit in Zusammenhang stehen, etwa in der Theorie der linearen Gleichungssysteme.

Es sei $f \in \underline{\mathrm{Lin}}(V,V)$. Für jede alternierende Multilinearform
$\varphi \in \underline{\mathrm{Alt}}_n(V)$ ist

$$\varphi_f : V^n \to K \qquad \mathrm{mit}$$

$$\varphi_f(\underline{x}_1,\ldots,\underline{x}_n) = \varphi(f(\underline{x}_1),\ldots,f(\underline{x}_n)) \text{ für } \underline{x}_1,\ldots,\underline{x}_n \in V$$

wieder aus $\underline{\mathrm{Alt}}_n(V)$.

Damit wird eine Abbildung

$$\hat{f} : \underline{\mathrm{Alt}}_n(V) \to \underline{\mathrm{Alt}}_n(V)$$

durch die Vorschrift

$$\hat{f}(\varphi) = \varphi_f \qquad (\varphi \in \underline{\mathrm{Alt}}_n(V))$$

definiert, von der leicht gezeigt werden kann, daß sie linear ist.
Über die Zuordnung $f \to \hat{f}$ lassen sich folgende Aussagen machen:

(1) Es ist $\widehat{1_V} = 1_{\underline{\mathrm{Alt}}_n(V)}$,

was unmittelbar einzusehen ist.

(2) Für $f,g \in \underline{\mathrm{Lin}}(V,V)$ ist $\widehat{f \circ g} = \hat{g} \circ \hat{f}$:

Es sei $\varphi \in \underline{\mathrm{Alt}}_n(V)$. Dann ist für alle $(\underline{x}_1,\ldots,\underline{x}_n) \in V^n$

$$\widehat{f \circ g}(\varphi)(\underline{x}_1,\ldots,\underline{x}_n) = \varphi(f(g(\underline{x}_1)),\ldots,f(g(\underline{x}_n)))$$

$$= \hat{f}(\varphi)(g(\underline{x}_1),\ldots,g(\underline{x}_n))$$

$$= \hat{g}(\hat{f}(\varphi))(\underline{x}_1,\ldots,\underline{x}_n).$$

Also ist $\widehat{f \circ g}(\varphi) = \hat{g} \circ \hat{f}(\varphi)$, woraus $\widehat{f \circ g} = \hat{g} \circ \hat{f}$ folgt.

(3) $f \in \underline{\mathrm{Lin}}(V,V)$ ist genau dann ein Automorphismus, wenn $\hat{f}$ nicht die Nullabbildung ist:

Es sei $\{\underline{b}_1,\ldots,\underline{b}_n\}$ eine Basis von V; f ist genau dann ein Automorphismus, wenn die Vektoren $f(\underline{b}_1),\ldots,f(\underline{b}_n)$ linear unabhängig sind. Die Behauptung ergibt sich nun aus Satz 4.5:

f sei ein Automorphismus. Wir wählen ein $\psi \in \underline{\mathrm{Alt}}_n(V)$ mit $\psi \neq \mathrm{o}$, wobei $\mathrm{o} \in \underline{\mathrm{Alt}}_n(V)$ die Nullabbildung sei. Dann gilt

$$0 \neq \psi(f(\underline{b}_1),\ldots,f(\underline{b}_n)) = \hat{f}(\psi)(\underline{b}_1,\ldots,\underline{b}_n).$$

mithin ist $\hat{f}(\psi) \neq \mathrm{o}$.

Umgekehrt existiere ein $\eta \neq \mathrm{o}$ in $\underline{\mathrm{Alt}}_n(V)$ mit $\hat{f}(\eta) \neq \mathrm{o}$. Dann ist wegen der linearen Unabhängigkeit von $\underline{b}_1,\ldots,\underline{b}_n$

$$0 \neq \hat{f}(\eta)(\underline{b}_1,\ldots,\underline{b}_n) = \eta(f(\underline{b}_1),\ldots,f(\underline{b}_n)).$$

Also sind auch $f(\underline{b}_1),\ldots,f(\underline{b}_n)$ linear unabhängig, und f ist daher ein Automorphismus.

(4) Zu $f \in \underline{\mathrm{Lin}}(V,V)$ gibt es einen eindeutig bestimmten Skalar $d_f \in K$ mit $\hat{f} = d_f 1_{\underline{\mathrm{Alt}}_n(V)}$.

Aus Satz 4.4 wissen wir, daß $\dim \underline{\mathrm{Alt}}_n(V) = \binom{n}{n} = 1$ ist. Folglich hat auch der Raum aller linearen Abbildungen von $\underline{\mathrm{Alt}}_n(V)$ in sich die Dimension 1. Also ist die aus der Identität gebildete Menge $\{1_{\underline{\mathrm{Alt}}_n(V)}\}$ eine Basis für ihn. Daraus ergibt sich die Behauptung.

Das Körperelement d_f ist also genau dadurch festgelegt, daß $\hat{f}(\varphi) = d_f\varphi$ für alle $\varphi \in \underline{\text{Alt}}_n(V)$ ist.

> __Definition 4.3:__ V sei ein endlich erzeugbarer K-Vektorraum mit $\dim V = n \,(\neq 0)$. Zu jedem Endomorphismus f auf V heißt der durch die lineare Abbildung $\hat{f}: \underline{\text{Alt}}_n(V) \to \underline{\text{Alt}}_n(V)$ eindeutig bestimmte Skalar $d_f \in K$ mit
>
> $$\hat{f}(\varphi) = d_f\varphi \quad \text{für alle} \quad \varphi \in \underline{\text{Alt}}_n(V)$$
>
> die **Determinante** von f.

Wir schreiben $d_f = \det f$.

Aus dem bereits über $\hat{f}$ Bewiesenen lassen sich die folgenden Eigenschaften von Determinanten ableiten:

> __Satz 4.7:__ V sei ein endlichdimensionaler K-Vektorraum $(\dim V \neq 0)$. Es gilt:
>
> (a) Für die Identität 1_V auf V ist
> $\det 1_V = 1$.
>
> (b) Für $f, g \in \underline{\text{Lin}}(V, V)$ ist
> $\det(f \circ g) = \det f \cdot \det g$.
>
> (c) $f \in \underline{\text{Lin}}(V, V)$ ist genau dann ein Automorphismus, wenn
> $\det f \neq 0$ gilt.
>
> (d) Für einen Automorphismus f auf V ist
> $\det f^{-1} = (\det f)^{-1}$.

__Beweis:__ Für den Beweis setzen wir kurz $1_{\underline{\text{Alt}}_n(V)} = i$ $(n = \dim V)$.

(a) ergibt sich unmittelbar aus (1).

(b) Es ist
$$\widehat{f \circ g} = \hat{g} \circ \hat{f} = ((\det g)i) \circ ((\det f)i) =$$
$$(\det f \cdot \det g)i \circ i = (\det f \cdot \det g)i,$$

wie sich aus (2) ergibt. Daher gilt (b).

(c) $\hat{f} = (\det f)i$ ist genau dann von der Nullabbildung verschieden, wenn $\det f \neq 0$ ist. Daraus folgt nach (3) Behauptung (c).

(d) Für einen Automorphismus $f \in \underline{\text{Lin}}(V,V)$ ist $f \circ f^{-1} = 1_V$. Aus (a) und (b) folgt daher $1 = \det(f \circ f^{-1}) = \det f \cdot \det f^{-1}$ und damit Behauptung (d).

Von einer beliebigen Basis des Raumes ausgehend, werden wir jetzt Ausdrücke finden, die sich zur Bestimmung von Determinanten eignen.

Es sei V wieder ein K-Vektorraum der Dimension n und $\{\underline{b}_1, \ldots, \underline{b}_n\}$ eine Basis von V.

Im letzten Abschnitt haben wir gezeigt, daß es genau eine alternierende Multilinearform $\psi \in \underline{\text{Alt}}(V)$ gibt, so daß

$$\psi(\underline{b}_1, \ldots, \underline{b}_n) = 1$$

ist.

Für die Determinante eines Endomorphismus f auf V gilt nach Definition $\hat{f}(\psi) = \det f \, \psi$, woraus sofort die Beziehung

$$\det f = \psi(f(\underline{b}_1), \ldots, f(\underline{b}_n)) \tag{4.4}$$

folgt.

Nun sei

$$f(\underline{b}_k) = \sum_{i=1}^{n} a_{ik}\underline{b}_i \qquad (a_{ik} \in K,\ 1 \leq k \leq n)$$

die eindeutige Darstellung von $f(\underline{b}_k)$ als Linearkombination der Basiselemente $\underline{b}_1, \ldots, \underline{b}_n$.

Aufgrund der Multilinearität von ψ ist

$$\psi(f(\underline{b}_1), \ldots, f(\underline{b}_n)) =$$

$$\psi\left(\sum_{i_1=1}^{n} a_{i_1 1}\underline{b}_{i_1}, \ldots, \sum_{i_n=1}^{n} a_{i_n n}\underline{b}_{i_n} \right) =$$

$$\sum_{i_1=1}^{n} a_{i_1 1} \; \psi\left(\underline{b}_{i_1}, \sum_{i_2=1}^{n} a_{i_2 2}\underline{b}_{i_2}, \ldots, \sum_{i_n=1}^{n} a_{i_n n}\underline{b}_{i_n}\right) =$$

$$\sum_{i_1=1}^{n} \cdots \sum_{i_n=1}^{n} a_{i_1 1} \cdots a_{i_n n} \;\; \psi(\underline{b}_{i_1}, \ldots, \underline{b}_{i_n}).$$

Jedes $(i_1, \ldots, i_n)$ definiert genau eine Abbildung β der Menge $\{1, \ldots, n\}$ in sich und umgekehrt ($\beta(k) = i_k$ für $k = 1, \ldots, n$). Folglich kann geschrieben werden:

$$\psi(f(\underline{b}_1), \ldots, f(\underline{b}_n)) =$$

$$\sum_{\beta} a_{\beta(1)1} \cdots a_{\beta(n)n}\psi(\underline{b}_{\beta(1)}, \ldots, \underline{b}_{\beta(n)}),$$

wobei also über alle $\beta : \{1, \ldots, n\} \to \{1, \ldots, n\}$ summiert wird.

Da ψ alternierend ist, so ist $\psi(\underline{b}_{\beta(1)}, \ldots, \underline{b}_{\beta(n)}) = 0$ für diejenigen β, die nicht injektiv sind. Es bleibt demnach eine Summe übrig, die über alle Permutationen π von $\{1, \ldots, n\}$ zu erstrecken ist. Bedenkt man weiter, daß $\psi(\underline{b}_{\pi(1)}, \ldots, \underline{b}_{\pi(n)}) = \operatorname{sgn}\pi \; \psi(\underline{b}_1, \ldots, \underline{b}_n) = \operatorname{sgn}\pi$ ist, so ergibt sich mit Berücksichtigung von (4.4) die Beziehung

$$\det f = \sum_{\pi} \operatorname{sgn}\pi \; a_{\pi(1)1} \cdots a_{\pi(n)n}. \tag{4.5}$$

<u>Satz 4.8:</u> V sei ein K-Vektorraum der Dimension n, $\{\underline{b}_1, \ldots, \underline{b}_n\}$ eine Basis von V und f ein Endomorphismus auf V. Ferner sei $k_0 \in \{1, \ldots, n\}$.

(a) Es sei π eine Permutation auf der Menge $\{1, \ldots, n\}$. Für $f_1 \in \underline{\operatorname{Lin}}(V,V)$, definiert durch

$$f_1(\underline{b}_k) = f(\underline{b}_{\pi(k)}) \qquad (1 \leq k \leq n),$$

ist $\det f_1 = \operatorname{sgn}\pi \det f$.

Es ist $\det f_1 = -\det f$, falls π eine Transposition ist.

(b) Es sei $c \in K$. Für $f_2 \in \underline{\operatorname{Lin}}(V,V)$, definiert durch

$$f_2(\underline{b}_k) = f(\underline{b}_k) \quad \text{für} \quad k = 1,\ldots,n, \quad k \neq k_0$$

und $\qquad f_2(\underline{b}_{k_0}) = cf(\underline{b}_{k_0})$,

ist $\det f_2 = c \det f$.

Speziell folgt $\det(cf) = c^n \det f$.

(c) Es sei $\underline{y} \in \mathcal{L}\{f(\underline{b}_k) \mid 1 \leqslant k \leqslant n, k \neq k_0\}$.

Für $f_3 \in \underline{\text{Lin}}(V,V)$, definiert durch

$$f_3(\underline{b}_k) = f(\underline{b}_k) \quad \text{für} \quad k = 1,\ldots,n, \quad k \neq k_0$$

und $\qquad f_3(\underline{b}_{k_0}) = f(\underline{b}_{k_0}) = f(\underline{b}_{k_0}) + \underline{y}$,

ist $\det f_3 = \det f$.

(d) Es seien $g_1, g_2 \in \underline{\text{Lin}}(V,V)$ Endomorphismen mit

$$g_1(\underline{b}_k) = g_2(\underline{b}_k) = f(\underline{b}_k) \quad \text{für} \quad k = 1,\ldots,n, \quad k \neq k_0$$

und $g_1(\underline{b}_{k_0}) + g_2(\underline{b}_{k_0}) = f(\underline{b}_{k_0})$

Dann ist $\det f = \det g_1 + \det g_2$.

Zum Beweis des Satzes wende man die Beziehung (4.4) an, wobei
also $\psi \in \underline{\text{Alt}}_n(V)$ mit $\psi(\underline{b}_1,\ldots,\underline{b}_n) = 1$ ist. Alle Aussagen ergeben
sich dann unmittelbar aus den Eigenschaften von ψ.

4.3. Determinanten quadratischer Matrizen

Die im vorangehenden Abschnitt gezeigten Eigenschaften von Determinanten sollen nun noch einmal für den speziellen Fall quadratischer
Matrizen in der dabei gebräuchlichen Weise formuliert werden.

Es sei K ein Körper. Die Determinante einer Matrix
$\mathfrak{A} = ((a_{ik})) \in \underline{\text{Lin}}(K^n, K^n)$ wird auch in der Form

$$\det \mathfrak{A} = \begin{vmatrix} a_{11} & \cdots & a_{1n} \\ \vdots & & \vdots \\ a_{n1} & \cdots & a_{nn} \end{vmatrix}$$

geschrieben. Die Skalare a_{ik} treten in den Linearkombinationen

$$\mathfrak{A} e_k = \sum_{i=1}^{n} a_{ik} e_i \qquad (1 \leqslant k \leqslant n)$$

bezüglich der kanonischen Basis $\{e_1,\ldots,e_n\}$ auf. Daher gilt nach
(4.5) mit den Elementen a_{ik} von $\mathfrak{A}$

$$\det \mathfrak{A} = \sum_{\pi} \operatorname{sgn}\pi \; a_{\pi(1)1} \cdots a_{\pi(n)n} \qquad\qquad (4.6)$$

wobei über alle Permutationen π auf der Menge $\{1,\ldots,n\}$ summiert
wird.

Häufig wird die Determinante einer Matrix auch durch diese Formel
definiert. Es ist die Definition nach Leibniz. Wir haben den De-
terminantenbegriff mit Hilfe alternierender Multilinearformen eingeführt, was im wesentlichen auf Weierstrass zurückgeht.

Satz 4.9: V sei ein K-Vektorraum der Dimension n $(n > 0)$, f
ein Endomorphismus auf V und $\mathfrak{J} \in \underline{\operatorname{Lin}}(K^n, K^n)$ eine zu f bezüglich einer Koordinatendarstellung von V gehörige Matrix. Dann
gilt:

$$\det f = \det \mathfrak{J}.$$

Beweis: Es sei $j : V \to K^n$ eine Koordinatendarstellung von V und
$\mathfrak{J} = j \circ f \circ j^{-1}$ die zu f bezüglich j gehörige Matrix (vgl. Abschnitt 3.3).
Es sei ferner $\psi \in \underline{\operatorname{Alt}}_n(K^n)$ diejenige alternierende Multilinearform,
für die $\psi(e_1,\ldots,e_n) = 1$ mit der kanonischen Basis $\{e_1,\ldots,e_n\}$ gilt.
Dann gehört die Abbildung $\psi' : V^n \to K$, definiert durch

$$\psi'(\underline{x}_1,\ldots,\underline{x}_n) = \psi(j(\underline{x}_1),\ldots,j(\underline{x}_n)) \text{ für } \underline{x}_1,\ldots,\underline{x}_n \in V,$$

zu $\underline{\operatorname{Alt}}_n(V)$, und für die Basis $\{j^{-1}(e_1),\ldots,j^{-1}(e_n)\}$ von V ist

$$\psi'\left(j^{-1}(e_1),\ldots,j^{-1}(e_n)\right) = \psi(e_1,\ldots,e_n) = 1.$$

Daraus folgt nach (4.4)

$$\det \mathfrak{J} = \psi(\mathfrak{J}e_1,\ldots,\mathfrak{J}e_n) =$$

$$\psi(j \circ f \circ j^{-1}(e_1),\ldots,j \circ f \circ j^{-1}(e_n)) =$$

$$\psi'(f(j^{-1}(e_1)),\ldots,f(j^{-1}(e_n))) = \det f, \text{ womit der Satz bewiesen ist.}$$

Damit haben wir die Beschreibung linearer Abbildungen zwischen
endlichdimensionalen Vektorräumen durch Matrizen vervollständigt.

Später werden wir Satz 4.9 für den Fall benutzen, daß V Unterraum
des arithmetischen Vektorraumes K^n ist:

<u>Lemma 4.5</u>: Es seien $\alpha_1,\ldots,\alpha_p$ natürliche Zahlen mit
$1 \leqslant \alpha_1 < \ldots < \alpha_p \leqslant n$. Ferner sei $U = \mathcal{L}\{e_{\alpha_1},\ldots,e_{\alpha_p}\}$ und
$\eta \in \underline{\mathrm{Alt}}_p(U)$ diejenige alternierende Multilinearform, die durch
$\eta(e_{\alpha_1},\ldots,e_{\alpha_p}) = 1$ bestimmt ist. Mit Vektoren

$$c_j = \sum_{l=1}^{p} c_{lj} e_{\alpha_l} \qquad (1 \leqslant j \leqslant p)$$

aus U und der Matrix $\mathfrak{C} = ((c_{lj})) \in \underline{\mathrm{Lin}}(K^p, K^p)$ gilt dann

$$\eta(c_1,\ldots,c_p) = \det \mathfrak{C}.$$

$\mathfrak{C}$ gehört nämlich bezüglich einer geeigneten Koordinatendarstellung
von U zu der linearen Abbildung $h \in \underline{\mathrm{Lin}}(U,U)$, die durch $h(e_{\alpha_j}) = c_j$
$(1 \leqslant j \leqslant p)$ definiert ist.

<u>Satz 4.10</u>: Für Matrizen aus $\underline{\mathrm{Lin}}(K^n, K^n)$ gilt:

(a) $\det \mathfrak{C} = 1$,

(b) $\det(\mathfrak{A}\mathfrak{B}) = \det \mathfrak{A} \det \mathfrak{B}$,

(c) $\det \mathfrak{A} = \det \mathfrak{A}^T$.

(d) Es ist $\det \mathfrak{A} \neq 0$ genau dann, wenn $\mathfrak{A}$ nichtsingulär ist.

(e) Für eine nichtsinguläre Matrix $\mathfrak{A}$ ist $\det \mathfrak{A}^{-1} = (\det \mathfrak{A})^{-1}$.

<u>Beweis:</u> Die Aussagen (a), (b), (d) und (e) sind bereits mit Satz 4.7 bewiesen. Wir müssen noch (c) zeigen:

Es sei $\mathfrak{A} = ((a_{ik}))$. Es gilt die Beziehung

$$\sum_{\pi \in \mathfrak{S}_n} \mathrm{sgn}\pi \; a_{\pi(1)1} \cdots a_{\pi(n)n} =$$

$$\sum_{\pi \in \mathfrak{S}_n} \mathrm{sgn}\pi^{-1} \; a_{\pi^{-1}(1)1} \cdots a_{\pi^{-1}(n)n} \, .$$

Da für jede Permutation $\pi \in \mathfrak{S}_n$

$$\{(\pi^{-1}(i),i) \mid 1 \leqslant i \leqslant n\} = \{(i,\pi(i)) \mid 1 \leqslant i \leqslant n\}$$

und außerdem $\mathrm{sgn}\pi = \mathrm{sgn}\pi^{-1}$ ist, so folgt

$$\det \mathfrak{A} = \sum_{\pi} \mathrm{sgn}\pi \; a_{1\pi(1)} \cdots a_{n\pi(n)} = \det \mathfrak{A}^{\mathsf{T}}.$$

Es ist Rang $\mathfrak{A}$ = Rang $\mathfrak{A}^{\mathsf{T}}$. Daher sind nach (d) die folgenden Aussagen äquivalent:

(1) $\det \mathfrak{A} \neq 0$,

(2) die Spalten von $\mathfrak{A}$ sind linear unabhängig,

(3) die Zeilen von $\mathfrak{A}$ sind linear unabhängig.

Satz 3.4 können wir mit Hilfe des Determinantenbegriffes nun auch so formulieren:

Für eine Matrix $\mathfrak{A} \in \underline{\mathrm{Lin}}(K^m, K^n)$ ist Rang $\mathfrak{A}$ = r genau dann, wenn es eine (r,r)-Untermatrix von $\mathfrak{A}$ mit von Null verschiedener Determinante gibt und die Determinante einer jeden $((r+1),(r+1))$-Untermatrix verschwindet.

Wir wenden nun Satz 4.8 auf Matrizen $\mathfrak{A} \in \underline{\mathrm{Lin}}(K^n, K^n)$ und die natürliche Basis von K^n an und erhalten Aussagen über das Verhalten von $\det \mathfrak{A}$ bei gewissen Operationen auf den Spalten von $\mathfrak{A}$. Wegen $\det \mathfrak{A} = \det \mathfrak{A}^{\mathsf{T}}$ können die folgenden Behauptungen auch für Zeilen ausgesprochen werden:

$\underline{\text{Satz 4.11}}$: Es sei $\mathfrak{U} = ((a_{ik})) \in \underline{\text{Lin}}(K^n, K^n)$.

(a) Werden von $\mathfrak{U}$ zwei Spalten bzw. Zeilen vertauscht, so geht det $\mathfrak{U}$ in -det $\mathfrak{U}$ über.

(b) Wird eine Spalte bzw. Zeile von $\mathfrak{U}$ mit einem Skalar $c \in K$ multipliziert, so geht det $\mathfrak{U}$ in $c \cdot$ det $\mathfrak{U}$ über.
Speziell folgt $\det(c\mathfrak{U}) = c^n \det \mathfrak{U}$.

(c) det $\mathfrak{U}$ ändert sich nicht, wenn zu einer Spalte bzw. Zeile von $\mathfrak{U}$ eine Linearkombination der übrigen Spalten bzw. Zeilen addiert wird.

(d) Für die Elemente der k-ten Spalte sei
$$a_{ik} = x_i + y_i \quad (x_i, y_i \in K, 1 \leq i \leq n).$$
Dann gilt

$$\det \mathfrak{U} = \begin{vmatrix} a_{11} & \cdots & a_{1k-1} & x_1 & a_{1k+1} & \cdots & a_{1n} \\ \cdot & \cdots & \cdot & \cdot & \cdot & \cdots & \cdot \\ \cdot & \cdots & \cdot & \cdot & \cdot & \cdots & \cdot \\ \cdot & \cdots & \cdot & \cdot & \cdot & \cdots & \cdot \\ a_{n1} & \cdots & a_{nk-1} & x_n & a_{nk+1} & \cdots & a_{nn} \end{vmatrix} +$$

$$\begin{vmatrix} a_{11} & \cdots & a_{1k-1} & y_1 & a_{1k+1} & \cdots & a_{1n} \\ \cdot & \cdots & \cdot & \cdot & \cdot & \cdots & \cdot \\ \cdot & \cdots & \cdot & \cdot & \cdot & \cdots & \cdot \\ \cdot & \cdots & \cdot & \cdot & \cdot & \cdots & \cdot \\ a_{n1} & \cdots & a_{nk-1} & y_n & a_{nk+1} & \cdots & a_{nn} \end{vmatrix}.$$

Die Aussagen (a) und (c) besagen, daß bei elementaren Umformungen (s. Abschnitt 3.4) det $\mathfrak{U}$ höchstens in -det $\mathfrak{U}$ überführt wird.

$\underline{\text{Aufgaben}}$: Es sei $\mathfrak{P} \in \underline{\text{Lin}}(K^n, K^n)$ eine quadratische Matrix. Man zeige:

1. Ist $\mathfrak{P}$ orthogonal, so gilt $(\det \mathfrak{P})^2 = 1$.

2. Ist K ein Körper mit $a + a \neq 0$ für $a \neq 0$ $(a \in K)$, n ungerade und $\mathfrak{P}$ eine schiefsymmetrische Matrix $(\mathfrak{P}^T = -\mathfrak{P})$, so gilt det $\mathfrak{P} = 0$.

4.4. Satz von Laplace, adjungierte Matrix

Es sei $\mathfrak{A}$ eine Matrix über dem Körper K. Die Determinante einer quadratischen Untermatrix von $\mathfrak{A}$ wird auch **Unterdeterminante** oder **Minor** von $\mathfrak{A}$ genannt.

Wir setzen nun voraus, daß $\mathfrak{A}$ quadratisch ist. Im folgenden Satz geben wir eine Beziehung an, in der die Determinante von $\mathfrak{A}$ durch Unterdeterminanten von $\mathfrak{A}$ ausgedrückt wird:

<u>Satz 4.12</u>: (L a p l a c e scher Entwicklungssatz): Es sei

$$\mathfrak{A} = ((a_{ik})) \in \underline{\mathrm{Lin}}(K^n, K^n), \quad n \geq 2.$$

Ferner seien r eine natürliche Zahl mit $1 \leq r < n$ und $\mathfrak{S}_n^{(r)}$ die Menge aller Permutationen σ auf $\{1,\ldots,n\}$ mit der Eigenschaft

$$\sigma(1) < \ldots < \sigma(r) \quad \text{und} \quad \sigma(r+1) < \ldots < \sigma(n).$$

Für eine spezielle Permutation $\sigma_0 \in \mathfrak{S}_n^{(r)}$ seien Untermatrizen von $\mathfrak{A}$ durch

$$\mathfrak{U}_\sigma = \begin{pmatrix} a_{\sigma(1)\sigma_0(1)} & \cdots & a_{\sigma(1)\sigma_0(r)} \\ \vdots & & \vdots \\ a_{\sigma(r)\sigma_0(1)} & \cdots & a_{\sigma(r)\sigma_0(r)} \end{pmatrix}$$

und

$$\mathfrak{B}_\sigma = \begin{pmatrix} a_{\sigma(r+1)\sigma_0(r+1)} & \cdots & a_{\sigma(r+1)\sigma_0(n)} \\ \vdots & & \vdots \\ a_{\sigma(n)\sigma_0(r+1)} & \cdots & a_{\sigma(n)\sigma_0(n)} \end{pmatrix}$$

für jedes $\sigma \in \mathfrak{S}_n^{(r)}$ gegeben. Dann gilt

$$\det \mathfrak{A} = \sum_{\sigma \in \mathfrak{S}_n^{(r)}} \mathrm{sgn}(\sigma_0 \circ \sigma) \det \mathfrak{U}_\sigma \det \mathfrak{B}_\sigma.$$

<u>Beweis</u>: Wir wenden Satz 4.6 und Lemma 4.4 auf den arithmetischen Raum K^n und seine natürliche Basis $\{e_1,\ldots,e_n\}$ an und erhalten mit den dortigen Bezeichnungen:

$$\det \mathfrak{A} = \psi(\mathfrak{A}e_1,\ldots,\mathfrak{A}e_n) =$$

$$\mathrm{sgn}\sigma_0\ \psi(\mathfrak{A}e_{\sigma_0(1)},\ldots,\mathfrak{A}e_{\sigma_0(n)}) =$$

$$\mathrm{sgn}\sigma_0 \sum_{\sigma \in \mathfrak{S}_n^{(r)}} \mathrm{sgn}\sigma\ \psi_\sigma(u_{\sigma,1},\ldots,u_{\sigma,r})\,\bar{\psi}_\sigma(v_{\sigma,r+1},\ldots,v_{\sigma,n}),$$

wobei

$$u_{\sigma,k} = p_\sigma(\mathfrak{A}e_{\sigma_0(k)}) = \sum_{j=1}^r a_{\sigma(j)\sigma_0(k)}e_{\sigma(j)} \quad \text{für}\quad 1 \leqslant k \leqslant r$$

und

$$v_{\sigma,k} = \bar{p}_\sigma(\mathfrak{A}e_{\sigma_0(k)}) = \sum_{l=r+1}^n a_{\sigma(l)\sigma_0(k)}e_{\sigma(l)} \quad \text{für}\quad r+1 \leqslant k \leqslant n$$

ist.

Da nach Lemma 4.5

$$\psi_\sigma(u_{\sigma,1},\ldots,u_{\sigma,r}) = \det \mathfrak{U}_\sigma$$

und

$$\bar{\psi}_\sigma(v_{\sigma,r+1},\ldots,v_{\sigma,n}) = \det \mathfrak{B}_\sigma$$

und außerdem $\mathrm{sgn}\sigma_0\,\mathrm{sgn}\sigma = \mathrm{sgn}(\sigma_0 \circ \sigma)$ gilt, folgt die Behauptung.

Die Determinante von $\mathfrak{A}$ wird also mit Hilfe von Unterdeterminanten nach folgender Vorschrift bestimmt:

Man wähle r Spalten in $\mathfrak{A}$, die für das Weitere festgehalten werden, und r Zeilen aus. Dann bilde man diejenige Untermatrix, die aus $\mathfrak{A}$ durch Streichen dieser r Zeilen und Spalten entsteht und multipliziere deren Determinante mit der Determinante der Untermatrix, die durch Streichen der übrigen n - r Zeilen und Spalten aus $\mathfrak{A}$ gewonnen wird, und versehe dieses Produkt noch mit dem zugehörigen

Vorzeichen. Die Summe der so für jede Wahl von r Zeilen gewonnenen Ausdrücke ergibt det $\mathfrak{A}$.

Was wir eben für eine feste Wahl von Spalten aus $\mathfrak{A}$ formuliert haben, gilt in entsprechender Weise für eine solche von Zeilen. Wenden wir nämlich den Entwicklungssatz auf die zu $\mathfrak{A}$ transponierte Matrix $\mathfrak{A}^T$ an, so erhalten wir wegen det $\mathfrak{A}$ = det $\mathfrak{A}^T$ auch die Formel

$$\det \mathfrak{A} = \sum_{\sigma \in \mathfrak{S}_n^{(r)}} \text{sgn}(\sigma_0 \circ \sigma) \det \mathfrak{U}_\sigma^* \det \mathfrak{V}_\sigma^*$$

mit den Untermatrizen

$$\mathfrak{U}_\sigma^* = \begin{pmatrix} a_{\sigma_0(1)\sigma(1)} & \cdots & a_{\sigma_0(1)\sigma(r)} \\ \vdots & & \vdots \\ a_{\sigma_0(r)\sigma(1)} & \cdots & a_{\sigma_0(r)\sigma(r)} \end{pmatrix}$$

und

$$\mathfrak{V}_\sigma^* = \begin{pmatrix} a_{\sigma_0(r+1)\sigma(r+1)} & \cdots & a_{\sigma_0(r+1)\sigma(n)} \\ \vdots & & \vdots \\ a_{\sigma_0(n)\sigma(r+1)} & \cdots & a_{\sigma_0(n)\sigma(n)} \end{pmatrix} .$$

Es sei $\sigma \in \mathfrak{S}_n^{(r)}$. Wir wollen das Vorzeichen sgn σ näher bestimmen:

Wir bezeichnen diejenige Transposition, die die Zahlen p und q $(p < q)$ aus $\{1,\dots,n\}$ vertauscht, mit τ_{pq}. Für $j = 1,\dots,r$ sei die Permutation π_j aus $\mathfrak{S}_n$ durch die Beziehungen $\pi_j(j) = \sigma(j)$, $\pi_j(i) = i - 1$ für $j < i \leqslant \sigma(j)$ und $\pi_j(i) = i$ für $i < j$ oder $i > \sigma(j)$ erklärt. Dann läßt sich π_j als Komposition von Transpositionen in der Form

$$\pi_j = \tau_{\sigma(j)-1,\sigma(j)} \circ \tau_{\sigma(j)-2,\sigma(j)-1} \circ \cdots \circ \tau_{j,j+1}$$

darstellen. Man erkennt, daß

$$\sigma = \pi_1 \circ \cdots \circ \pi_r$$

ist. σ kann also aus

$$s = \sum_{j=1}^{r} (\sigma(j) - j) = \sum_{j=1}^{r} \sigma(j) - \frac{r(r+1)}{2}$$

Transpositionen zusammengesetzt werden. Mithin gilt

$$\text{sgn } \sigma = (-1)^{s} . \qquad\qquad (4.7)$$

Wir beschäftigen uns jetzt mit dem wichtigen Spezialfall $r = 1$ im
Laplace schen Entwicklungssatz.

$\mathfrak{U}_{ik}$ sei diejenige $(n-1,n-1)$-Untermatrix von $\mathfrak{U}$, die durch Weg-
lassen der i-ten Zeile und k-ten Spalte entsteht. Wir wenden den Entwicklungssatz und Beziehung (4.7) an und erhalten für jedes
$k \in \{1,\ldots,n\}$

$$\det \mathfrak{U} = \sum_{l=1}^{n} (-1)^{k+1} a_{lk} \det \mathfrak{U}_{lk} \qquad\qquad (4.8)$$

und entsprechend für jedes $i \in \{1,\ldots,n\}$

$$\det \mathfrak{U} = \sum_{l=1}^{n} (-1)^{i+1} a_{il} \det \mathfrak{U}_{il} . \qquad\qquad (4.9)$$

Die erste Darstellung heißt E n t w i c k l u n g   d e r   D e t e r m i n a n t e
v o n $\mathfrak{U}$ n a c h   d e r   k - t e n   S p a l t e , die zweite E n t w i c k l u n g
n a c h   d e r   i - t e n   Z e i l e .

Man nennt

$$A_{ik} = (-1)^{i+k} \det \mathfrak{U}_{ik} \qquad (1 \leqslant i,k \leqslant n)$$

die zu dem Element a_{ik} gehörige A d j u n k t e .

Satz 4.13: Es sei $\mathfrak{U} = ((a_{ik})) \in \underline{\text{Lin}}(K^n,K^n)$ $(n \geqslant 2)$. Für die Adjunkten der Elemente a_{ik} gilt:

$$\sum_{l=1}^{n} a_{lk} A_{lj} = \delta_{jk} \det \mathfrak{A} \qquad (1 \leqslant j,k \leqslant n),$$

$$\sum_{l=1}^{n} a_{il} A_{jl} = \delta_{ij} \det \mathfrak{A} \qquad (1 \leqslant i,j \leqslant n).$$

<u>Beweis:</u> Für $j = k$ bzw. $j = i$ haben wir es mit der Entwicklung (4.8) bzw. (4.9) zu tun. Wir betrachten nun die erste Summe für den Fall $j \neq k$. Ersetzt man in $\mathfrak{A}$ die k-te Spalte durch die j-te, so entsteht eine (n,n)-Matrix mit zwei gleichen Spalten. Ihre Determinante ist daher 0. Die Entwicklung dieser Determinante nach der k-ten Spalte ergibt dann die Behauptung.

Entsprechend geht man bei der zweiten Summe für $j \neq i$ vor.

Es sei $\mathfrak{M} = ((A_{ik})) \in \underline{\mathrm{Lin}}(K^n, K^n)$ diejenige Matrix, bei der in der i-ten Zeile und k-ten Spalte gerade die zu dem Element a_{ik} von $\mathfrak{A}$ gehörige Adjunkte steht. $\mathfrak{M}^{\mathsf{T}}$ heißt die zu $\mathfrak{A}$ **adjungierte Matrix**. Wir wollen sie mit $\mathfrak{A}^A$ bezeichnen.

Aus Satz 4.13 lesen wir die Beziehungen

$$\mathfrak{A}^A \mathfrak{A} = (\det \mathfrak{A})\mathfrak{E} \qquad \text{und} \qquad \mathfrak{A} \mathfrak{A}^A = (\det \mathfrak{A})\mathfrak{E}$$

ab. Wir setzen nun voraus, daß $\mathfrak{A}$ nichtsingulär ist, und erhalten folgenden Zusammenhang zwischen der zu $\mathfrak{A}$ inversen und der zu $\mathfrak{A}$ adjungierten Matrix:

$$\mathfrak{A}^{-1} = (\det \mathfrak{A})^{-1} \mathfrak{A}^A.$$

Eine weitere Möglichkeit der Berechnung einer Determinante mit Hilfe von Unterdeterminanten ergibt sich aus dem folgenden Satz:

<u>Satz 4.14</u> (S y l v e s t e r): Gegeben seien eine (r,r)-Matrix $\mathfrak{A} = ((a_{ik}))$, eine (r,s)-Matrix $\mathfrak{B} = ((b_{ik}))$, eine (s,r)-Matrix $\mathfrak{C} = ((c_{ik}))$ und eine (s,s)-Matrix $\mathfrak{D} = ((d_{ik}))$. Ferner sei $\mathfrak{P} = ((p_{ik}))$ die (s,s)-Matrix mit

$$p_{ik} = \begin{vmatrix} a_{11} & \cdots & a_{1r} & b_{1k} \\ \cdot & \cdots & \cdot & \cdot \\ a_{r1} & \cdots & a_{rr} & b_{rk} \\ c_{i1} & \cdots & c_{ir} & d_{ik} \end{vmatrix} .$$

Mit $\mathfrak{R} = \begin{pmatrix} \mathfrak{A} & \mathfrak{B} \\ \mathfrak{C} & \mathfrak{D} \end{pmatrix}$ gilt dann

$$\det \mathfrak{P} = \det \mathfrak{R} (\det \mathfrak{A})^{s-1} .$$

<u>Beweis:</u> Wir deuten den Beweis nur an. Es sei $\mathfrak{A}^A = ((A_{ik}))$. Jedes p_{ik} ist die Determinante einer Matrix, die durch "Rändern" von $\mathfrak{A}$ entstanden ist. Durch Entwicklung nach der letzten Zeile und der letzen Spalte erhält man

$$p_{ik} = d_{ik} \cdot \det \mathfrak{A} - \sum_{j=1}^{r} \sum_{l=1}^{r} c_{ij} b_{lk} A_{lj} .$$

Folglich ist $\mathfrak{P} = (\det \mathfrak{A}) \mathfrak{D} - \mathfrak{C} \mathfrak{A}^A \mathfrak{B}$. Daher besteht die Identität

$$\begin{pmatrix} \mathfrak{A} & \mathfrak{B} \\ \mathfrak{C} & \mathfrak{D} \end{pmatrix} \begin{pmatrix} \mathfrak{A}^A & -\mathfrak{A}^A \mathfrak{B} \\ \mathfrak{O} & (\det \mathfrak{A}) \mathfrak{E} \end{pmatrix} = \begin{pmatrix} (\det \mathfrak{A}) \mathfrak{E} & \mathfrak{D} \\ \mathfrak{C} \mathfrak{A}^A & \mathfrak{P} \end{pmatrix} .$$

Ferner gilt

$$\det \begin{pmatrix} \mathfrak{A}^A & -\mathfrak{A}^A \mathfrak{B} \\ \mathfrak{O} & (\det \mathfrak{A}) \mathfrak{E} \end{pmatrix} = \det \mathfrak{A}^A (\det \mathfrak{A})^s = (\det \mathfrak{A})^{r+s-1}$$

sowie

$$\det \begin{pmatrix} (\det \mathfrak{A}) \mathfrak{E} & \mathfrak{D} \\ \mathfrak{C} \mathfrak{A}^A & \mathfrak{P} \end{pmatrix} = (\det \mathfrak{A})^r \det \mathfrak{P} .$$

Daraus folgt für $\det \mathfrak{A} \neq 0$ sofort der Satz.

Der Leser überlege sich gesondert den Fall $\det \mathfrak{A} = 0$.

Im Zusammenhang mit diesem Beweis sei auf die folgenden Aufgaben
hingewiesen:

Aufgaben: 1. Es seien $\mathfrak{A}$ eine (n,n)-Matrix, $\mathfrak{B}$ eine (m,n)-Matrix
und $\mathfrak{C}$ eine (m,m)-Matrix.

Man weise folgende Identität nach:

$$\det\begin{pmatrix} \mathfrak{A} & \mathfrak{O} \\ \mathfrak{B} & \mathfrak{C} \end{pmatrix} = \det \mathfrak{A} \cdot \det \mathfrak{C}.$$

2. Man beweise: Ist $\mathfrak{A}$ eine (n,n)-Matrix $(n > 1)$, so ist

$$\text{Rang } \mathfrak{A}^A = \begin{cases} n & \text{Rang } \mathfrak{A} = n \\ 1 & \text{Rang } \mathfrak{A} = n - 1, \\ 0 & \text{Rang } \mathfrak{A} < n - 1 \end{cases}$$

und es gilt $\det \mathfrak{A}^A = (\det \mathfrak{A})^{n-1}$.

4.5. Verallgemeinertes Multiplikationstheorem
(Satz von Binet-Cauchy)

Es sei $\mathfrak{A}$ eine (n,m)- und $\mathfrak{B}$ eine (m,n)-Matrix über dem Körper K.
Wir wollen die Determinante der (n,n)-Matrix $\mathfrak{A}\mathfrak{B}$ bestimmen.

Für $m < n$ ist Rang $(\mathfrak{A}\mathfrak{B}) \leqslant m < n$, also $\det(\mathfrak{A}\mathfrak{B}) = 0$.

Im Fall $m \geqslant n$ gilt der folgende Satz:

Satz 4.15 (Binet-Cauchy): Es sei $\mathfrak{A} = ((a_{ji})) \in \underline{\text{Lin}}(K^m, K^n)$,
$\mathfrak{B} = ((b_{ik})) \in \underline{\text{Lin}}(K^n, K^m)$ und $m \geqslant n$. Ferner sei A die Menge
aller Abbildungen $\alpha : \{1, \ldots, n\} \to \{1, \ldots, m\}$ mit $\alpha(1) < \ldots < \alpha(n)$.

Dann gilt mit den (n,n)-Untermatrizen (für $\alpha \in A$)

$$\mathfrak{A}_\alpha = \begin{pmatrix} a_{1\alpha(1)} & \cdots & a_{1\alpha(n)} \\ \vdots & & \vdots \\ a_{n\alpha(1)} & \cdots & a_{n\alpha(n)} \end{pmatrix}$$

von $\mathfrak{A}$ und

$$\mathfrak{B}_\alpha = \begin{pmatrix} b_{\alpha(1)1} & \cdots & b_{\alpha(1)n} \\ \vdots & & \vdots \\ b_{\alpha(n)1} & \cdots & b_{\alpha(n)n} \end{pmatrix}$$

von $\mathfrak{B}$:

$$\det(\mathfrak{A}\mathfrak{B}) = \sum_{\alpha \in A} \det \mathfrak{A}_\alpha \det \mathfrak{B}_\alpha.$$

<u>Beweis</u>: Bevor wir den Beweis durchführen, eine kurze Vorbemerkung: Ein Vergleich der Menge A mit der unter (4.1) definierten Permutationsmenge $\mathfrak{S}_m^{(n)}$ zeigt, daß durch

$$\iota : A \to \mathfrak{S}_m^{(n)}, \quad \iota(\alpha) = \sigma \quad \text{mit} \quad \sigma(i) = \alpha(i) \quad \text{für} \quad i = 1,\ldots,n$$

eine bijektive Abbildung definiert ist. Wir können daher die in Satz 4.4 genannte Basis des Raumes $\underline{Alt}_n(K^m)$ durch

$$\Phi_{n,\left(e_1^{(m)},\ldots,e_m^{(m)}\right)} = \{\rho_\alpha | \alpha \in A\}, \quad \rho_\alpha = \varphi_{\iota(\alpha)}$$

beschreiben.

Es sei nun $\psi \in \underline{Alt}_n(K^n)$ mit $\psi\left(e_1^{(n)},\ldots,e_n^{(n)}\right) = 1$. Wir definieren dann $\varphi \in \underline{Alt}_n(K^m)$ durch

$$\varphi(\mathfrak{x}_1,\ldots,\mathfrak{x}_n) = \psi(\mathfrak{A}\mathfrak{x}_1,\ldots,\mathfrak{A}\mathfrak{x}_n) \quad (\mathfrak{x}_i \in K^m).$$

Die Abbildung φ hat bezüglich der Basis $\{\rho_\alpha | \alpha \in A\}$ von $\underline{Alt}_n(K^m)$ eine Darstellung der Form

$$\varphi = \sum_{\alpha \in A} c_\alpha \rho_\alpha ,$$

wobei

$$c_\alpha = \varphi\left(e_{\alpha(1)}^{(m)},\ldots,e_{\alpha(n)}^{(m)}\right) = \psi\left(\mathfrak{A}e_{\alpha(1)}^{(m)},\ldots,\mathfrak{A}e_{\alpha(n)}^{(m)}\right)$$

ist.

Dann ist

$$\det(\mathfrak{A}\mathfrak{B}) = \psi\left(\mathfrak{A}\mathfrak{B}e_1^{(n)},\ldots,\mathfrak{A}\mathfrak{B}e_n^{(n)}\right) = \varphi\left(\mathfrak{B}e_1^{(n)},\ldots,\mathfrak{B}e_n^{(n)}\right) =$$

$$= \sum_{\alpha \in A} \psi\left(\mathfrak{A}e_{\alpha(1)}^{(m)},\ldots,\mathfrak{A}e_{\alpha(n)}^{(m)}\right)\rho_\alpha\left(\mathfrak{B}e_1^{(n)},\ldots,\mathfrak{B}e_n^{(n)}\right).$$

Es ist

$$\psi\left(\mathfrak{A}e_{\alpha(1)}^{(m)},\ldots,\mathfrak{A}e_{\alpha(n)}^{(m)}\right) = \det \mathfrak{A}_\alpha$$

und wegen Lemma 4.4 und Lemma 4.5

$$\rho_\alpha\left(\mathfrak{B}e_1^{(n)},\ldots,\mathfrak{B}e_n^{(n)}\right) = \det \mathfrak{B}_\alpha.$$

Daraus ergibt sich die Behauptung des Satzes.

Im Falle $m = n$ erhalten wir wieder Aussage (b) in Satz 4.10.

4.6. Berechnung von Determinanten

Aus der expliziten Darstellung (4.6) der Determinante einer (n,n)-Matrix $\mathfrak{A} = ((a_{ik}))$ über dem Körper K errechnet man für $n = 1$:

$$\det \mathfrak{A} = a_{11},$$

für $n = 2$:

$$\det \mathfrak{A} = a_{11}a_{22} - a_{12}a_{21},$$

für $n = 3$:

$$\det \mathfrak{A} = a_{11}a_{22}a_{33} + a_{21}a_{32}a_{13} + a_{31}a_{12}a_{23}$$

$$- a_{31}a_{22}a_{13} - a_{21}a_{12}a_{33} - a_{11}a_{32}a_{23}.$$

Diese Beziehung läßt sich auch folgendermaßen veranschaulichen (Sarrussche Regel):

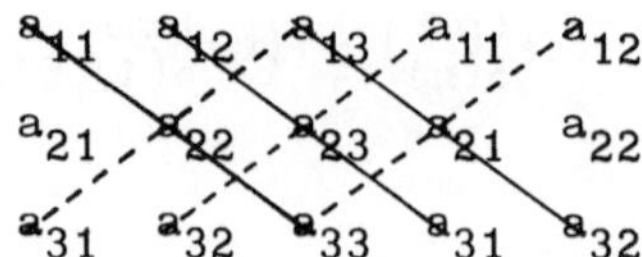

Neben die drei Spalten von $\mathfrak{A}$ werden noch einmal die ersten beiden geschrieben. Dann bildet man die Produkte der durch die starken Linien verbundenen Elemente, summiert und zieht die Produkte der durch die gestrichelten Linien verbundenen Elemente ab.

Für Matrizen mit mehr als drei Zeilen und Spalten ist Formel (4.6) zur Bestimmung ihrer Determinanten weniger geeignet, da die Summen recht unübersichtlich werden. Man muß eine andere Berechnungsmethode finden:

Aus Satz 4.11 wissen wir, daß elementare Umformungen vom Typ (c) die Determinante einer Matrix $\mathfrak{A}$ unverändert lassen und solche vom Typ (a) det $\mathfrak{A}$ höchstens in - det $\mathfrak{A}$ überführen. Wir wollen nun an einem Beispiel erläutern, wie man diese Tatsachen zur Berechnung einer Determinante ausnutzen kann:

Die einzelnen Schritte sind danach unter a) bis f) erklärt.

$$
\begin{vmatrix} 0 & 13 & 14 & 15 \\ 13 & 0 & 15 & 14 \\ 14 & 15 & 0 & 13 \\ 15 & 14 & 13 & 0 \end{vmatrix} = 42 \cdot \begin{vmatrix} 1 & 1 & 1 & 1 \\ 13 & 0 & 15 & 14 \\ 14 & 15 & 0 & 13 \\ 15 & 14 & 13 & 0 \end{vmatrix}
$$

$$
= 42 \cdot 14 \cdot \begin{vmatrix} 0 & 1 & 1 & 1 \\ 1 & 0 & 15 & 14 \\ -1 & 15 & 0 & 13 \\ 1 & 14 & 13 & 0 \end{vmatrix} = 42 \cdot 14 \cdot \begin{vmatrix} 0 & 1 & 1 & 1 \\ 0 & 15 & 15 & 27 \\ -1 & 15 & 0 & 13 \\ 0 & 29 & 13 & 13 \end{vmatrix}
$$

$$
= -42 \cdot 14 \cdot 3 \cdot \begin{vmatrix} 1 & 1 & 1 \\ 5 & 5 & 9 \\ 29 & 13 & 13 \end{vmatrix} = -42 \cdot 14 \cdot 3 \cdot \begin{vmatrix} 0 & 1 & 1 \\ 0 & 5 & 9 \\ 16 & 13 & 13 \end{vmatrix}
$$

$$
= -42 \cdot 14 \cdot 16 \cdot 3 \begin{vmatrix} 1 & 1 \\ 5 & 9 \end{vmatrix} = -112896.
$$

a) Die zweite, dritte und vierte Zeile wurde zu ersten addiert und 42 als Faktor davorgeschrieben.

b) Die erste Spalte wurde verändert, indem die zweite und vierte Spalte subtrahiert und die dritte addiert wurde, 14 wurde als Faktor davorgeschrieben.

c) Die dritte Zeile wurde zur zweiten und vierten addiert.

d) Es wurde nach der ersten Spalte entwickelt und 3 als Faktor davorgeschrieben.

e) Die zweite Spalte wurde von der ersten abgezogen.

f) Es wurde nach der ersten Spalte entwickelt, usw.

Man formt also eine Matrix so um, daß in einer Zeile oder Spalte nur noch ein von Null verschiedenes Element vorkommt. Dann wendet man (4.8) oder (4.9) an, usw.

Besonders einfach ist die Determinante einer Dreiecksmatrix zu bestimmen. Eine wiederholte Anwendung von (4.8) oder (4.9) zeigt nämlich, daß ihre Determinante gleich dem Produkt der Hauptdiagonalelemente ist, z.B.

$$\begin{vmatrix} d_{11} & \cdots & d_{1n} \\ & \ddots & \\ 0 & \cdots & d_{nn} \end{vmatrix} = d_{11} \cdots d_{nn}.$$

In Abschnitt 5.2 wird ein Verfahren beschrieben, durch das eine Matrix mit Hilfe elementarer Umformungen in eine Dreiecksmatrix überführt werden kann. Damit ist nach dem eben Gesagten auch eine praktische Möglichkeit zur Berechnung von Determinanten gegeben.

Wir zählen noch einige Beispiele spezieller Determinanten auf:

Es seien $x_1,\ldots,x_n$ Elemente aus dem Körper K. Man nennt

$$K_n = \begin{vmatrix} x_1 & 1 & 0 & 0 & \cdots & 0 & 0 \\ -1 & x_2 & 1 & 0 & \cdots & 0 & 0 \\ 0 & -1 & x_3 & 1 & \cdots & 0 & 0 \\ \cdots\cdots\cdots\cdots\cdots\cdots\cdots \\ 0 & 0 & 0 & 0 & \cdots & -1 & x_n \end{vmatrix}$$

wegen ihrer Beziehung zu den Kettenbrüchen Kontinuante,

$$Z_n(x_1,\ldots,x_n) = \begin{vmatrix} x_1 & x_2 & \cdots & x_{n-1} & x_n \\ x_2 & x_3 & \cdots & x_n & x_1 \\ x_3 & x_4 & \cdots & x_1 & x_2 \\ \multicolumn{5}{c}{\cdots\cdots\cdots\cdots\cdots} \\ x_n & x_1 & \cdots & x_{n-2} & x_{n-1} \end{vmatrix}$$

wegen der zyklischen Vertauschung der Elemente in den Zeilen und Spalten Zirkulante und

$$\Delta(x_1,\ldots,x_n) = \begin{vmatrix} x_1^{n-1} & x_1^{n-2} & \cdots & x_1 & 1 \\ x_2^{n-1} & x_2^{n-2} & \cdots & x_2 & 1 \\ \multicolumn{5}{c}{\cdots\cdots\cdots\cdots\cdots} \\ x_n^{n-1} & x_n^{n-2} & \cdots & x_n & 1 \end{vmatrix}$$

Vandermondsche Determinante.

<u>Aufgaben:</u> 1. Man zeige, daß

$$\begin{vmatrix} y_1 z_1 & z_1 y_2 & y_1 z_3 \\ z_2 x_1 & z_2 x_2 & x_2 z_3 \\ y_3 x_1 & x_3 y_2 & x_3 y_3 \end{vmatrix} = \begin{vmatrix} x_2 x_3 & x_3 x_1 & x_1 x_2 \\ y_2 y_3 & y_3 y_1 & y_1 y_2 \\ z_2 z_3 & z_3 z_1 & z_1 z_2 \end{vmatrix}$$

für beliebige Elemente x_i, y_i, z_i des Körpers K gilt.

2. Man zeige, daß

$$\det \mathfrak{A} = [a + (n-1)b](a-b)^{n-1}$$

für eine (n,n)-Matrix

$$\mathfrak{A} = \begin{pmatrix} a & b & b & \cdots & b \\ b & a & b & \cdots & b \\ b & b & a & \cdots & b \\ \multicolumn{5}{c}{\cdots\cdots\cdots\cdots\cdots} \\ b & b & b & \cdots & a \end{pmatrix} \quad \text{gilt.}$$

3. Man zeige: Jedes Polynom

$$p(X) = X^n + a_{n-1}X^{n-1} + \ldots + a_0$$

über dem Körper K läßt sich in der Form

$$p(X) = \begin{vmatrix} X+a_{n-1} & a_{n-2} & a_{n-3} & \cdots & a_1 & a_0 \\ -1 & X & 0 & \ldots & 0 & 0 \\ 0 & -1 & X & \ldots & 0 & 0 \\ \multicolumn{6}{c}{\dotfill} \\ 0 & 0 & 0 & \ldots & -1 & X \end{vmatrix}$$

schreiben.

4. Für das Polynom $p(X)$ über dem Körper K gelte

$$p(X) = (r_1 - X)(r_2 - X) \cdots (r_n - X).$$

Man zeige: Für

$$\mathfrak{A} = \begin{pmatrix} r_1 & a & a & \cdots & a \\ b & r_2 & a & \cdots & a \\ b & b & r_3 & \cdots & a \\ \multicolumn{5}{c}{\dotfill} \\ b & b & b & \cdots & r_n \end{pmatrix}, \quad a, b \in K,\ a \neq b$$

gilt

$$\det \mathfrak{A} = \frac{ap(b) - bp(a)}{a - b}$$

Anleitung: Man subtrahiere X von sämtlichen Elementen von $\mathfrak{A}$ und bilde von der so entstehenden Matrix die Determinante. Sie ist ein Polynom $q(X)$ ersten Grades aus $K[X]$, das durch Angabe von zwei Werten $q(a)$, $q(b)$ bestimmt ist.

5. Man zeige: Für die **Vandermonde**sche Determinante gilt

$$\Delta(x_1,\dots,x_n) = \prod_{i<j} (x_i - x_j).$$

6. Es sei $p(X) = a_1 + a_2 X + \dots + a_n X^{n-1}$ ein Polynom über dem Körper K, und $\omega_1,\dots,\omega_n$ seien die Nullstellen des Polynoms $q(X) = X^n - 1$. Man zeige, daß für die Zirkulante

$$Z_n(a_1,\dots,a_n) = (-1)^{\frac{(n-1)(n-2)}{2}} \prod_{k=1}^{n} p(\omega_k)$$

gilt.

Anleitung: Man multipliziere die zu $Z_n(a_1,\dots,a_n)$ gehörige Matrix mit der Matrix

$$\begin{pmatrix} 1 & \omega_1 & \dots & \omega_1^{n-1} \\ \dots\dots\dots\dots\dots \\ 1 & \omega_n & \dots & \omega_n^{n-1} \end{pmatrix}.$$

5. Systeme linearer Gleichungen

5.1. Allgemeine Lösung eines Systems linearer Gleichungen

K sei ein Körper. Gegeben seien eine Matrix $\mathfrak{A} = ((a_{ik})) \in \underline{\mathrm{Lin}}(K^n, K^m)$ und ein Vektor $\mathfrak{b} = \begin{pmatrix} b_1 \\ \vdots \\ b_m \end{pmatrix} \in K^m$. Gefragt wird nach der Menge der Vektoren $\mathfrak{x} = \begin{pmatrix} x_1 \\ \vdots \\ x_n \end{pmatrix} \in K^n$, für die

$$\mathfrak{A}\,\mathfrak{x} = \mathfrak{b} \qquad\qquad (G)$$

ist oder - was damit gleichbedeutend ist - deren Komponenten $x_1, \ldots, x_n$ das System der m linearen Gleichungen

$$
\begin{aligned}
a_{11}x_1 + a_{12}x_2 + \cdots + a_{1n}x_n &= b_1 \\
a_{21}x_1 + a_{22}x_2 + \cdots + a_{2n}x_n &= b_2 \\
\cdots\cdots\cdots\cdots\cdots\cdots\cdots\cdots&\cdots\cdots \qquad (G') \\
a_{m1}x_1 + a_{m2}x_2 + \cdots + a_{mn}x_n &= b_m
\end{aligned}
$$

simultan erfüllen. Wir nennen (G) ebenso wie (G') ein l i n e a r e s G l e i c h u n g s s y s t e m über K mit der K o e f f i z i e n t e n m a t r i x $\mathfrak{A}$.

(G) und (G') sind verschiedene Schreibweisen ein und desselben Sachverhalts. Wir benutzen für die folgenden Ausführungen zweckmäßigerweise die erste.

Ein Vektor $\mathfrak{x} \in K^n$ mit $\mathfrak{A}\,\mathfrak{x} = \mathfrak{b}$ heißt L ö s u n g des linearen Gleichungssystems. Die Menge der Lösungen von (G) sei für das Folgende mit L bezeichnet:

$$L = \{\mathfrak{x} \mid \mathfrak{x} \in K^n, \mathfrak{A}\,\mathfrak{x} = \mathfrak{b}\}.$$

Wir nennen (G) l ö s b a r , wenn $L \neq \emptyset$ ist. Ein Beispiel für ein nicht lösbares Gleichungssystem ist

$$x_1 + x_2 = 2$$
$$x_1 + x_2 = 3 \; .$$

Für die Lösbarkeit von (G) gelten folgende Kriterien:

<u>Satz 5.1</u>: Gegeben sei das lineare Gleichungssystem (G). Ferner sei zu $\mathfrak{A}$ die Matrix $\mathfrak{A}^* \in \underline{\mathrm{Lin}}(K^{n+1}, K^m)$ definiert durch
$$\mathfrak{A}^* e_k^{(n+1)} = \mathfrak{A} e_k^{(n)} \quad (k = 1, \ldots, n) \text{ und}$$
$$\mathfrak{A}^* e_{n+1}^{(n+1)} = b \; .$$

Dann sind folgende Aussagen äquivalent:

(a) (G) ist lösbar.

(b) Es ist $b \in \mathscr{L}\left\{ \mathfrak{A} e_1^{(n)}, \ldots, \mathfrak{A} e_n^{(n)} \right\}$.

(c) Es gilt Rang $\mathfrak{A}$ = Rang $\mathfrak{A}^*$.

<u>Beweis</u>: Wir setzen $\mathfrak{A} e_k^{(n)} = a_k \quad (1 \leqslant k \leqslant n)$. Die Lösungsmenge L ist offenbar genau dann nicht leer, wenn b zum Bild der linearen Abbildung $\mathfrak{A}$ gehört, also zur linearen Hülle der Vektoren $a_k : b \in \mathscr{L}\{a_1, \ldots, a_n\}$. Das ist nun gleichbedeutend mit $\mathscr{L}\{a_1, \ldots, a_n\} = \mathscr{L}\{a_1, \ldots, a_n, b\}$, was wiederum genau dann erfüllt ist, wenn $\dim \mathscr{L}\{a_1, \ldots, a_n\} = \dim \mathscr{L}\{a_1, \ldots, a_n, b\}$ ist, also Rang $\mathfrak{A}$ = Rang $\mathfrak{A}^*$ gilt.

$\mathfrak{A}^*$ heißt auch die e r w e i t e r t e K o e f f i z i e n t e n m a t r i x des linearen Gleichungssystems (G).

Wir werden nun die Struktur der Lösungsmenge L untersuchen.

Ist in dem Gleichungssystem (G) der Vektor b der Nullvektor o, so spricht man von einem h o m o g e n e n l i n e a r e n G l e i c h u n g s s y - s t e m , andernfalls von einem i n h o m o g e n e n .

Ein homogenes lineares Gleichungssystem $\mathfrak{A} \mathfrak{x} = o \quad (\mathfrak{A} \in \underline{\mathrm{Lin}}(K^n, K^m))$ besitzt stets eine Lösung, nämlich den Nullvektor in K^n. Die Lösungsmenge besteht gerade aus dem Kern der linearen Abbildung $\mathfrak{A}$; folglich bildet sie einen Unterraum der Dimension n - Rang $\mathfrak{A}$ in K^n (vgl. Abschnitt 2.11). $\mathfrak{A}\mathfrak{x} = \mathfrak{o}$ hat dann und nur dann vom Nullvektor verschiedene Lösungen, wenn Rang $\mathfrak{A} \neq n$ ist. Das ist beispielsweise immer dann der Fall, wenn $n > m$ gilt.

Für ein beliebiges Gleichungssystem $\mathfrak{A}\mathfrak{x} = \mathfrak{b}$ heißt $\mathfrak{A}\mathfrak{x} = \mathfrak{o}$ das **zugehörige homogene Gleichungssystem**. Die Lösungen beider stehen in folgendem Zusammenhang:

> Satz 5.2: Das lineare Gleichungssystem (G) habe eine nichtleere Lösungsmenge L. Es sei $\mathfrak{x}_0$ ein beliebiger Vektor aus L, und es sei L_0 die Lösungsmenge des zu (G) gehörigen homogenen Gleichungssystems. Dann gilt:
>
> $$L = \{\mathfrak{x}_0\} + L_0 = \{\mathfrak{x}_0 + \mathfrak{z} \mid \mathfrak{z} \in L_0\}.$$
>
> L_0 bildet einen Unterraum von K^n mit dim $L_0 = n - $ Rang $\mathfrak{A}$.

Beweis: Die zweite Aussage hatten wir bereits erwähnt; es muß noch die erste gezeigt werden:

Es sei $\mathfrak{x} \in L$. Dann ist $\mathfrak{A}(\mathfrak{x} - \mathfrak{x}_0) = \mathfrak{A}\mathfrak{x} - \mathfrak{A}\mathfrak{x}_0 = \mathfrak{b} - \mathfrak{b} = \mathfrak{o}$. Mithin gilt $(\mathfrak{x} - \mathfrak{x}_0) \in L_0$, also $\mathfrak{x} \in \{\mathfrak{x}_0\} + L_0$. Damit ist $L \subseteq \{\mathfrak{x}_0\} + L_0$ bewiesen.

Nun sei $\mathfrak{x} \in \{\mathfrak{x}_0\} + L_0$. Dann ist $\mathfrak{x} = \mathfrak{x}_0 + \mathfrak{z}$ mit $\mathfrak{z} \in L_0$. Daher gilt $\mathfrak{A}\mathfrak{x} = \mathfrak{A}\mathfrak{x}_0 + \mathfrak{A}\mathfrak{z} = \mathfrak{b} + \mathfrak{o} = \mathfrak{b}$. Es ist also $\mathfrak{x} \in L$ und somit $\{\mathfrak{x}_0\} + L_0 \subseteq L$.

Insgesamt ergibt sich die Behauptung $L = \{\mathfrak{x}_0\} + L_0$.

Wir setzen zusätzlich zu den Bedingungen von Satz 5.2 noch Rang $\mathfrak{A} = r \neq n$ voraus. Es sei $\{\mathfrak{z}_1, \ldots, \mathfrak{z}_{n-r}\}$ eine Basis von L_0. Eine solche Basis für den Lösungsraum wird auch **Fundamentalsystem** genannt. Jede Lösung $\mathfrak{x}$ von (G) kann dann in der Form

$$\mathfrak{x} = \mathfrak{x}_0 + a_1\mathfrak{z}_1 + \cdots + a_{n-r}\mathfrak{z}_{n-r}$$

$(a_i \in K)$ geschrieben werden.

Eine eindeutig bestimmte Lösung besitzt das Gleichungssystem (G) dann und nur dann, wenn Rang $\mathfrak{A} = $ Rang $\mathfrak{A}^* = n$ ist.

5.2. Cramersche Regel, Gaußscher Algorithmus

Es sei $\mathfrak{A} = ((a_{ik})) \in \underline{\text{Lin}}(K^n, K^n)$ eine nichtsinguläre quadratische Matrix. Dann hat das lineare Gleichungssystem $\mathfrak{A}\mathfrak{x} = b$ für jeden Vektor $b \in K^n$ genau eine Lösung, die nun explizit angegeben werden soll.

> $\underline{\text{Satz } 5.3}$ (Cramersche Regel): Zu der nichtsingulären Matrix
> $\mathfrak{A} \in \underline{\text{Lin}}(K^n, K^n)$ und dem Vektor $b \in K^n$ seien die Matrizen
> $\mathfrak{A}_j \in \underline{\text{Lin}}(K^n, K^n)$ für $j = 1, \ldots, n$ durch
>
> $$\mathfrak{A}_j e_k = \begin{cases} \mathfrak{A} e_k & \text{für} \quad k \neq j \quad (1 \leqslant k \leqslant n) \\ b & \text{für} \quad k = j \end{cases}$$
>
> definiert. Dann gilt für die Komponenten des Vektors $\mathfrak{x} = \begin{pmatrix} x_1 \\ \vdots \\ x_n \end{pmatrix} \in K^n$
> mit $\mathfrak{A}\mathfrak{x} = b$:
>
> $$x_j = (\det \mathfrak{A})^{-1} \det \mathfrak{A}_j \qquad (j = 1, \ldots, n).$$

$\underline{\text{Beweis}}$: Wir betrachten die alternierende Multilinearform $\psi \in \underline{\text{Alt}}_n(K^n)$
mit $\psi(e_1, \ldots, e_n) = 1$. Dann ist für $j = 1, \ldots, n$ (vgl. (4.4) und Satz 4.2)

$$\begin{aligned}
\det \mathfrak{A}_j &= \psi(\mathfrak{A}_j e_1, \ldots, \mathfrak{A}_j e_j, \ldots, \mathfrak{A}_j e_n) \\
&= \psi(\mathfrak{A} e_1, \ldots, b, \ldots, \mathfrak{A} e_n) \\
&= \psi\left(\mathfrak{A} e_1, \ldots, \sum_{k=1}^{n} x_k \mathfrak{A} e_k, \ldots, \mathfrak{A} e_n\right) \\
&= \psi(\mathfrak{A} e_1, \ldots, x_j \mathfrak{A} e_j, \ldots, \mathfrak{A} e_n) \\
&= x_j \psi(\mathfrak{A} e_1, \ldots, \mathfrak{A} e_j, \ldots, \mathfrak{A} e_n) \\
&= x_j \det \mathfrak{A}.
\end{aligned}$$

Daraus ergibt sich die Behauptung.

Für die praktische Berechnung der Lösung eines linearen Gleichungssystems erweist sich die Cramersche Regel als unzweckmäßig, weil dabei $n + 1$ Determinanten bestimmt werden müssen, was i.allg. recht langwierig ist. Statt dessen werden in der Praxis (neben iterativen Verfahren) Eliminationsverfahren benutzt, deren gemeinsames Grundprinzip wir jetzt beschreiben wollen.

Gegeben sei das lineare Gleichungssystem

$$\mathfrak{A}\,\mathfrak{x} = \mathfrak{b} \qquad\qquad (5.1)$$

mit der nichtsingulären (n,n)-Matrix $\mathfrak{A} = ((a_{ik}))$ über dem Körper K und dem Vektor $\mathfrak{b} = \begin{pmatrix} b_1 \\ \vdots \\ b_n \end{pmatrix} \in K^n$. Mit Hilfe elementarer Umformungen (s. Abschnitt 3.4) wird (5.1) schrittweise in ein Gleichungssystem

$$\mathfrak{C}\,\mathfrak{x} = c \qquad\qquad (5.2)$$

mit einer oberen Dreiecksmatrix $\mathfrak{C} \in \underline{\mathrm{Lin}}(K^n, K^n)$ überführt. Es ist $\mathfrak{C} = \mathfrak{S}\mathfrak{A}$ und $c = \mathfrak{S}\mathfrak{b}$, wobei $\mathfrak{S}$ Produkt von Matrizen aus den Mengen U_n und V_n ist, die wir in Abschnitt 3.4 eingeführt haben. Die Matrix $\mathfrak{S}$ ist nichtsingulär. Folglich haben (5.1) und (5.2) dieselbe Lösung, die aus (5.2) leicht errechnet werden kann.

Wir erläutern nun die zur Überführung von (5.1) nach (5.2) erforderlichen Schritte. Der folgende Rechenprozeß wird auch G a u ß - s c h e r A l g o r i t h m u s genannt:

Zunächst wird die erweiterte Koeffizientenmatrix

$$\mathfrak{B}^{(0)} = \begin{pmatrix} a_{11} & \cdots & a_{1n} & b_1 \\ \vdots & & \vdots & \vdots \\ a_{n1} & \cdots & a_{nn} & b_n \end{pmatrix}$$

von (5.1) in $n-1$ Rechenschritten durch elementare Umformungen in eine obere Dreiecksmatrix

$$\begin{pmatrix} c_{11} & \cdots & c_{1n} & c_1 \\ \vdots & \ddots & \vdots & \vdots \\ 0 & \cdots & c_{nn} & c_n \end{pmatrix}$$

mit von Null verschiedenen Hauptdiagonalelementen c_{ii} transformiert. Nach dem $(j-1)$-ten Rechenschritt entsteht dabei eine Matrix der Gestalt

$$\mathfrak{B}^{(j-1)} = \begin{pmatrix} c_{11} & \cdots & c_{1,j-1} & c_{1j} & \cdots & c_{1n} & c_1 \\ \vdots & \ddots & \vdots & \vdots & & \vdots & \vdots \\ 0 & \cdots & c_{j-1,j-1} & c_{j-1,j} & \cdots & c_{j-1,n} & c_{j-1} \\ 0 & \cdots & 0 & a_{jj}^{(j-1)} & \cdots & a_{jn}^{(j-1)} & b_j^{(j-1)} \\ \vdots & & \vdots & \vdots & & \vdots & \vdots \\ 0 & \cdots & 0 & a_{nj}^{(j-1)} & \cdots & a_{nn}^{(j-1)} & b_n^{(j-1)} \end{pmatrix} ,$$

bei der $c_{ii} \neq 0$ für $i = 1, \ldots, j - 1$ ist und deren Elemente unterhalb der Hauptdiagonalen in den ersten $j - 1$ Spalten sämtlich Null sind. (Dabei ist $a_{ik}^{(0)} = a_{ik}$, $b_i^{(0)} = b_i$.)

Beim j-ten Schritt sind folgende Operationen durchzuführen:

Man nehme zuerst - wenn nötig - eine Vertauschung der j-ten Zeile von $\mathfrak{B}^{(j-1)}$ mit einer der folgenden Zeilen vor, so daß eine Matrix

$$\widetilde{\mathfrak{B}}^{(j-1)} = \begin{pmatrix} c_{11} & \cdots & c_{1,j-1} & c_{1j} & \cdots & c_{1n} & c_1 \\ \vdots & \ddots & \vdots & \vdots & & \vdots & \vdots \\ 0 & \cdots & c_{j-1,j-1} & c_{j-1,j} & \cdots & c_{j-1,n} & c_{j-1} \\ 0 & \cdots & 0 & \widetilde{a}_{jj}^{(j-1)} & \cdots & \widetilde{a}_{jn}^{(j-1)} & \widetilde{b}_j^{(j-1)} \\ \vdots & & \vdots & \vdots & & \vdots & \vdots \\ 0 & \cdots & 0 & \widetilde{a}_{nj}^{(j-1)} & \cdots & \widetilde{a}_{nn}^{(j-1)} & \widetilde{b}_n^{(j-1)} \end{pmatrix}$$

mit $\widetilde{a}_{jj}^{(j-1)} \neq 0$ entsteht. Das ist wegen der vorausgesetzten Nichtsingularität von $\mathfrak{A}$ stets möglich. Zur Bestimmung der Elemente von $\mathfrak{B}^{(j)}$ setze man nun

$$c_{jk} = \widetilde{a}_{jk}^{(j-1)} \quad \text{und} \quad c_j = \widetilde{b}_j^{(j-1)} \qquad (k = j, \ldots, n)$$

und berechne für $i = j + 1, \ldots, n, \quad k = j + 1, \ldots, n$

$$a_{ij}^{(j)} = \tilde{a}_{ij}^{(j-1)} \cdot c_{jj}^{-1}$$

und damit

$$a_{ik}^{(j)} = \tilde{a}_{ik}^{(j-1)} - a_{ij}^{(j)} \cdot c_{jk}, \quad b_{i}^{(j)} = \tilde{b}_{i}^{(j-1)} - a_{ij}^{(j)} \cdot c_{j}.$$

Man addiere also für $i = j + 1, \ldots, n$ die mit $-a_{ij}^{(j)}$ multiplizierte
j-te Zeile zur i-ten Zeile von $\tilde{\mathfrak{B}}^{(j-1)}$.

Angefangen bei $\mathfrak{B}^{(0)}$ gewinnt man so nach $n - 1$ Schritten die gewünschte obere Dreiecksmatrix $\left(\text{mit } c_{nn} = a_{nn}^{(n-1)}, \; c_n = b_n^{(n-1)} \right)$.

Nun werden aus dem gestaffelten Gleichungssystem

$$c_{11}x_1 + c_{12}x_2 + \cdots + c_{1n}x_n = c_1$$

$$c_{22}x_2 + \cdots + c_{2n}x_n = c_2$$

$$\cdots \quad \cdot$$

$$c_{nn}x_n = c_n$$

nacheinander die Komponenten $x_n, \ldots, x_1$ des Lösungsvektors nach
der Formel

$$x_i = c_{ii}^{-1}\left(c_i - c_{i,i+1}x_{i+1} - \cdots - c_{in}x_n\right)$$

$(i = n, \ldots, 1)$ bestimmt.

Wir erweitern noch die im ersten Teil des Algorithmus beim j-ten
Rechenschritt getroffenen Festsetzungen und schreiben

$$c_{jk} = \tilde{a}_{jk}^{(j-1)}, \qquad a_{il}^{(j)} = \tilde{a}_{il}^{(j-1)}$$

für $k = 1, \ldots, n, \; i = j + 1, \ldots, n, \; l = 1, \ldots, j - 1$. Mit der unteren
Dreiecksmatrix

$$\mathfrak{C}' = \begin{pmatrix} 1 & 0 & \cdots & 0 \\ c_{21} & 1 & \cdots & 0 \\ \vdots & \vdots & \ddots & \vdots \\ c_{n1} & c_{n2} & \cdots & 1 \end{pmatrix}$$

gilt dann $\mathfrak{C}'\mathfrak{C} = \widetilde{\mathfrak{A}}$. Dabei entsteht $\widetilde{\mathfrak{A}}$ aus $\mathfrak{A}$ dadurch, daß man nacheinander für $j = 1,\ldots,n - 1$ die Reihenfolge der Zeilen so vertauscht wie bei der Überführung von $\mathfrak{B}^{(j-1)}$ in $\widetilde{\mathfrak{B}}^{(j-1)}$.

Wurden keine Vertauschungen vorgenommen, so liefert also der erste Teil des Rechenverfahrens eine Zerlegung von $\mathfrak{A}$ in das Produkt einer unteren und einer oberen Dreiecksmatrix.

Führt man den Gaußscher Algorithmus mit einer singulären Matrix $\mathfrak{A}$ (Rang $\mathfrak{A} = r < n$) aus, so macht sich das dadurch bemerkbar, daß bei einem der Schritte kein von Null verschiedenes Hauptdiagonalelement durch Zeilenvertauschungen gefunden werden kann. Das Gleichungssystem $\mathfrak{A}\mathfrak{x} = \mathfrak{b}$ mit singulärer Matrix $\mathfrak{A}$ ist entweder überhaupt nicht lösbar, oder besitzt mehr als eine Lösung, wobei die gesamte Lösungsmenge vollständig bestimmt ist, wenn eine spezielle Lösung des gegebenen Gleichungssystems und $n - r$ linear unabhängige Lösungen des zugehörigen homogenen Gleichungssystems errechnet werden (s. Satz 5.2). Der eben beschriebene Algorithmus läßt sich für den Fall einer singulären Koeffizientenmatrix $\mathfrak{A}$ in einfacher Weise so modifizieren, daß wieder ein gestaffeltes Gleichungssystem entsteht, aus dem sich dann leicht Lösbarkeit und Lösungen für $\mathfrak{A}\mathfrak{x} = \mathfrak{b}$ ermitteln lassen.

Häufig sind zu ein und derselben Matrix $\mathfrak{A}$ Gleichungssysteme $\mathfrak{A}\mathfrak{x} = \mathfrak{b}_i$ mit verschiedenen Vektoren $\mathfrak{b}_i$ gegeben. Ihre Lösungen können in einem Arbeitsgang ermittelt werden. Dazu erweitert man $\mathfrak{A}$ mit allen $\mathfrak{b}_i$ und wendet auf die dabei entstehende Matrix den Algorithmus an.

Beispielsweise kann die Inverse einer nichtsingulären (n,n)-Matrix $\mathfrak{A}$ aus den folgenden Gleichungssystemen berechnet werden:

Der eindeutig bestimmte Lösungsvektor von

$$\mathfrak{A}\,\mathfrak{x} = e_i^{(n)} \qquad (1 \leqslant i \leqslant n)$$

ist wegen $\mathfrak{A}\mathfrak{A}^{-1} = \mathfrak{E}$ gerade die i-te Spalte von $\mathfrak{A}^{-1}$.

<u>Aufgaben:</u>

1. Man löse das Gleichungssystem

$$3x_1 - x_2 - 2x_3 + x_4 = 1$$
$$2x_1 + x_2 + x_3 + 3x_4 = 6$$
$$-x_1 + 3x_2 + 2x_3 + 4x_4 = 1$$
$$-2x_1 - 2x_2 + 3x_3 - 2x_4 = 7$$

a) mit Hilfe der C r a m e r schen Regel,

b) mit Hilfe des   G a u ß schen Algorithmus.

2. Man bestimme zu der Matrix

$$\begin{pmatrix} 6 & 2 & 3 \\ 4 & 5 & -2 \\ 7 & 2 & 4 \end{pmatrix}$$

die inverse Matrix.

6. Euklidische Vektorräume

6.1. Euklidische Vektorräume, Orthogonalisierung

In diesem Kapitel betrachten wir nur Vektorräume über dem Körper
$\underline{R}$ der reellen Zahlen.

> **Definition 6.1:** E sei ein Vektorraum über dem Körper $\underline{R}$ der re-
> ellen Zahlen und $\beta \in \underline{Mul}_2(E)$ eine Bilinearform. (E,β) heißt
> e u k l i d i s c h e r V e k t o r r a u m und β S k a l a r p r o d u k t , wenn
> folgende Eigenschaften erfüllt sind:
>
> (1) Für alle $\underline{x}, \underline{y} \in E$ gilt
> $$\beta(\underline{x},\underline{y}) = \beta(\underline{y},\underline{x}).$$
>
> (2) Für alle $\underline{x} \in E$, $\underline{x} \neq \underline{0}$, gilt
> $$\beta(\underline{x},\underline{x}) > 0.$$

Zur Kennzeichnung der Eigenschaften eines Skalarprodukts sagt man
auch, es sei eine symmetrische, positiv definite Bilinearform. Wie
aus der Definition hervorgeht, ist die Struktur euklidischer Vektorräume nicht allein durch Skalarmultiplikation und Vektoraddition,
sondern auch durch das Skalarprodukt bestimmt. Euklidische Vektorräume spielen eine wichtige Rolle in der analytischen Geometrie
(s. Abschnitt 6.3), aber auch in der Funktionalanalysis.

Aus Bequemlichkeitsgründen werden wir für einen euklidischen Vek-
torraum (E,β) auch einfach E schreiben und statt $\beta(\underline{x},\underline{y})$ kürzer
$\langle\underline{x},\underline{y}\rangle$, wenn Mißverständnisse nicht zu befürchten sind.

Ein weiterer wichtiger Begriff in diesem Kapitel ist die Orthogonalität. Er ist aus dem geometrisch-anschaulichen Begriff der Recht-
winkligkeit entstanden (vgl. Abschnitt 6.3).

> **Definition 6.2:** E sei ein euklidischer Vektorraum. Zwei Vektoren
> $\underline{x},\underline{y} \in E$ heißen zueinander o r t h o g o n a l , wenn $\langle\underline{x},\underline{y}\rangle = 0$

gilt. Die nichtleeren Teilmengen S von E mit $\underline{0} \notin S$ und der Eigenschaft, daß je zwei verschieden Vektoren aus S zueinander orthogonal sind, nennt man O r t h o g o n a l s y s t e m e . Gilt für jeden
Vektor $\underline{x}$ aus dem Orthogonalsystem S die Beziehung $\langle \underline{x},\underline{x} \rangle = 1$,
so wird S als n o r m i e r t e s O r t h g o n a l s y s t e m oder O r t h o -
n o r m a l s y s t e m bezeichnet.

Beispiel 6.1: $\beta^{(n)}$ sei die kanonische Bilinearform von $\underline{R}^n$. Dann
ist $(\underline{R}^n, \beta^{(n)})$ offensichtlich ein euklidischer Vektorraum. In diesem
ist die natürliche Basis $\{e_1, \ldots, e_n\}$ ein Orthonormalsystem. Ferner
bilden die Spaltenvektoren einer Matrix $\mathfrak{S} \in \underline{\mathrm{Lin}}(\underline{R}^n, \underline{R}^n)$ dann und nur
dann ein Orthonormalsystem, wenn $\mathfrak{S}$ orthogonal ist (vgl. Abschnitt
3.5). (Wir werden im folgenden $\beta^{(n)}$ auch das "kanonische Skalarprodukt" von $\underline{R}^n$ nennen.)

Beispiel 6.2: Es sei $D = \{x \mid x \in \underline{R}, 0 \leqslant x \leqslant \pi\}$. Wie aus Beispiel 2.9
hervorgeht, wird $\underline{\mathrm{Abb}}(D, \underline{R})$ mit den dort erklärten Verknüpfungen
zu einem Vektorraum. In diesem bilden die auf D definierten steti-
gen reellwertigen Funktionen einen Unterraum C. C wird mit dem
durch

$$\langle f,g \rangle = \int_0^\pi f(s)g(s)\,ds \quad \text{für alle} \quad f,g \in C$$

definierten Skalarprodukt zu einem euklidischen Vektorraum. Ein
(unendliches) Orthonormalsystem wird beispielsweise von den durch

$$u_n(s) = \sqrt{\frac{2}{\pi}} \sin n s \quad \text{für alle} \quad s \in D \quad (n \in \underline{N})$$

erklärten Funktionen $u_n \in C$ gebildet. Es ist nämlich

$$\int_0^\pi \sin n s \cdot \sin m s \, ds = \begin{cases} \dfrac{1}{2} \displaystyle\int_0^\pi [\cos(n-m)s - \cos(n+m)s]\,ds = 0 & \text{für } n \neq m \\[4mm] \dfrac{1}{2} \displaystyle\int_0^\pi [1 - \cos 2n s]\,ds = \dfrac{\pi}{2} & \text{für } n = m. \end{cases}$$

<u>Satz 6.1:</u> Jedes Orthogonalsystem eines euklidischen Vektorraums ist linear unabhängig.

<u>Beweis:</u> $\underline{u}_1,\dots,\underline{u}_n$ seien verschiedene Elemente eines Orthogonalsystems S. Aus einer Identität der Form

$$c_1\underline{u}_1 + \dots + c_n\underline{u}_n = \underline{0} \qquad (c_1,\dots,c_n \in \underline{R})$$

folgt durch Bildung des Skalarprodukts mit einem beliebigen $\underline{u}_i$

$$0 = c_1\langle\underline{u}_1,\underline{u}_i\rangle + \dots + c_n\langle\underline{u}_n,\underline{u}_i\rangle = c_i\langle\underline{u}_i,\underline{u}_i\rangle,$$

also

$$c_i = 0,$$

weil $\langle\underline{u}_i,\underline{u}_i\rangle \neq 0$ ist und alle anderen $\langle\underline{u}_k,\underline{u}_i\rangle$ mit $i \neq k$ verschwinden.

Ein Orthogonalsystem, das auch ein Erzeugendensystem des Vektorraumes darstellt, ist nach diesem Satz eine Basis. Eine solche Basis wird O r t h o g o n a l b a s i s genannt und im Falle eines Orthonormalsystems auch O r t h o n o r m a l b a s i s .

Es sei $j : E \rightarrow \underline{R}^n$ eine Koordinatendarstellung des euklidischen Vektorraumes E bezüglich der Basis B = $\{\underline{e}_1,\dots,\underline{e}_n\}$ $(j(\underline{e}_i) = \mathfrak{e}_i)$. Nach Abschnitt 3.5 gibt es genau eine Matrix $\mathfrak{B}$ mit

$$\langle\underline{x},\underline{y}\rangle = \mathfrak{r}^T \mathfrak{B}\mathfrak{y} \qquad (\mathfrak{r} = j(\underline{x}),\mathfrak{y} = j(\underline{y}))$$

für alle $\underline{x},\underline{y} \in E$. Wie man bei Betrachtung der Werte $\langle\underline{e}_i,\underline{e}_k\rangle$ erkennt, gilt dann und nur dann

$$\langle\underline{x},\underline{y}\rangle = \mathfrak{r}^T \mathfrak{y} \qquad (\mathfrak{r} = j(\underline{x}),\mathfrak{y} = j(\underline{y}))$$

für alle $\underline{x}, \underline{y}$, wenn B eine Orthonormalbasis ist.

Das Skalarprodukt eines n-dimensionalen euklidischen Vektoraumes wird also bei den Koordinatendarstellungen, die zu Orthonormalbasen gehören, durch das kanonische Skalarprodukt von $\underline{R}^n$ repräsentiert.

Der Beweis des folgenden Satzes liefert ein konstruktives Verfahren
zur Gewinnung einer Orthonormalbasis aus einer gegebenen, beliebigen Basis.

> __Satz 6.2:__ Zu jeder Basis $B = \{\underline{b}_1,\ldots,\underline{b}_n\}$ eines n-dimensionalen
> euklidischen Vektorraumes E gibt es eine Orthonormalbasis
> $S = \{\underline{s}_1,\ldots,\underline{s}_n\}$ von E mit
>
> $$\mathcal{L}\{\underline{b}_1,\ldots,\underline{b}_k\} = \mathcal{L}\{\underline{s}_1,\ldots,\underline{s}_k\} \quad \text{für} \quad k = 1,\ldots,n.$$

__Beweis:__ Wir konstruieren der Reihe nach für $k = 1,2,\ldots,n$ Vektoren
$\underline{s}_k$ mit $\langle \underline{s}_k,\underline{s}_k \rangle = 1$, die zu allen vorangehenden $\underline{s}_i$ $(i = 1,\ldots,k-1)$
orthogonal sind und die Bedingung $\mathcal{L}\{\underline{s}_1,\ldots,\underline{s}_k\} = \mathcal{L}\{\underline{b}_1,\ldots,\underline{b}_k\}$ erfüllen. $S = \{\underline{s}_1,\ldots,\underline{s}_n\}$ ist dann offenbar ein Orthonormalsystem mit
der Eigenschaft $\mathcal{L}S = \mathcal{L}\{\underline{b}_1,\ldots,\underline{b}_n\} = E$. Somit ist S eine Orthonormalbasis.

Als ersten Schritt setzen wir

$$\underline{s}_1 = \frac{1}{\sqrt{\langle \underline{b}_1,\underline{b}_1 \rangle}}\, \underline{b}_1 \,.$$

(Es ist $\langle \underline{b}_1,\underline{b}_1 \rangle > 0$, da $\underline{b}_1$ als Basisvektor nicht $\underline{0}$ ist.)

Sind nun bereits Vektoren $\underline{s}_1,\ldots,\underline{s}_{k-1}$ $(1 < k \leq n)$ mit den genannten
Eigenschaften gefunden, so bilden wir zunächst

$$\underline{v}_k = \underline{b}_k - \sum_{j=1}^{k-1} \langle \underline{b}_k,\underline{s}_j \rangle \underline{s}_j.$$

Wegen $\langle \underline{s}_j,\underline{s}_i \rangle = 0$ für $i \neq j$ und $\langle \underline{s}_i,\underline{s}_i \rangle = 1$ gilt für $i = 1,\ldots,k-1$

$$\langle \underline{v}_k,\underline{s}_i \rangle = \langle \underline{b}_k,\underline{s}_i \rangle - \sum_{j=1}^{k-1} \langle \underline{b}_k,\underline{s}_j \rangle \langle \underline{s}_j,\underline{s}_i \rangle$$

$$= \langle \underline{b}_k,\underline{s}_i \rangle - \langle \underline{b}_k,\underline{s}_i \rangle = 0.$$

Ferner ist $\underline{v}_k \neq \underline{0}$ (und damit $\langle \underline{v}_k, \underline{v}_k \rangle > 0$); denn sonst wäre $\underline{b}_k \in \mathscr{L}\{\underline{s}_1, \ldots, \underline{s}_{k-1}\} = \mathscr{L}\{\underline{b}_1, \ldots, \underline{b}_{k-1}\}$, was wegen der linearen Unabhängigkeit von B nicht möglich ist. Wir können daher

$$\underline{s}_k = \frac{1}{\sqrt{\langle \underline{v}_k, \underline{v}_k \rangle}} \, \underline{v}_k$$

bilden. $\underline{s}_k$ erfüllt die Bedingungen $\langle \underline{s}_k, \underline{s}_i \rangle = 0$ für $i < k$, $\langle \underline{s}_k, \underline{s}_k \rangle = 1$. Außerdem gilt

$$\underline{s}_k \in \mathscr{L}\{\underline{s}_1, \ldots, \underline{s}_{k-1}, \underline{b}_k\}, \quad \underline{b}_k \in \mathscr{L}\{\underline{s}_1, \ldots, \underline{s}_{k-1}, \underline{s}_k\}.$$

Daraus ergibt sich schließlich wegen

$$\mathscr{L}\{\underline{s}_1, \ldots, \underline{s}_{k-1}\} = \mathscr{L}\{\underline{b}_1, \ldots, \underline{b}_{k-1}\}$$

die Beziehung

$$\mathscr{L}\{\underline{s}_1, \ldots, \underline{s}_{k-1}, \underline{s}_k\} = \mathscr{L}\{\underline{s}_1, \ldots, \underline{s}_{k-1}, \underline{b}_k\}$$
$$= \mathscr{L}\{\underline{b}_1, \ldots, \underline{b}_{k-1}, \underline{b}_k\}.$$

Damit ist alles gezeigt.

Offensichtlich ist dieses Verfahren auch im Falle einer abzählbaren Basis anwendbar. Es wird das S c h m i d tsche Orthogonalisierungsverfahren genannt, weil E. S c h m i d t zuerst seine Bedeutung erkannt hat, indem er in der Theorie der Integralgleichungen und Funktionentheorie erfolgreich davon Gebrauch machte.

Eine einfache Folgerung aus Satz 6.2 ist

<u>Satz 6.3:</u> Jede nichtsinguläre Matrix $\mathfrak{B} \in \underline{\mathrm{Lin}}(\underline{R}^n, \underline{R}^n)$ läßt sich in der Form

$$\mathfrak{B} = \mathfrak{S}\mathfrak{C} \quad (\mathfrak{S}, \mathfrak{C} \in \underline{\mathrm{Lin}}(\underline{R}^n, \underline{R}^n))$$

schreiben, wobei $\mathfrak{S}$ orthogonal und $\mathfrak{C}$ eine obere Dreiecksmatrix ist.

<u>Beweis</u>: Da die Matrix $\mathfrak{B}$ nichtsingulär ist, bilden ihre Spaltenvektoren $b_i = \mathfrak{B}e_i$ eine Basis von $\underline{R}^n$. Nach Satz 6.2 gibt es eine Orthonormalbasis $\{\mathfrak{s}_1,\ldots,\mathfrak{s}_n\}$ von $\underline{R}^n$ mit

$$\mathscr{L}\{b_1,\ldots,b_k\} = \mathscr{L}\{\mathfrak{s}_1,\ldots,\mathfrak{s}_k\} \quad \text{für} \quad k = 1,\ldots,n.$$

Die Matrix $\mathfrak{S}$ mit den Spaltenvektoren $\mathfrak{S}e_i = \mathfrak{s}_i$ ist folglich orthogonal (s. Beispiel 6.1), und es gibt Zahlen $c_{ik} \in \underline{R}$ mit

$$b_k = \sum_{i=1}^{k} c_{ik}\mathfrak{s}_i \quad (k = 1,\ldots,n),$$

d.h. mit $\mathfrak{B} = \mathfrak{S}\mathfrak{C}$ ($\mathfrak{C} = ((c_{ik}))$, $c_{ik} = 0$ für $i > k$).

Es sei E wieder ein euklidischer Vektorraum. Der folgende Satz dient der Kennzeichnung derjenigen Automorphismen des Vektorraumes E, die das Skalarprodukt invariant lassen.

<u>Satz 6.4:</u> E sei ein euklidischer Vektorraum. Ferner seien S eine Orthonormalbasis von E, f ein Automorphismus des Vektorraumes E und $\mathfrak{J}$ eine Transformationsmatrix für die durch f definierte Basistransformation von S auf B = f[S]. Dann sind folgende Aussagen äquivalent:

(a) Für alle $\underline{x},\underline{y} \in E$ gilt
$\langle f(\underline{x}),f(\underline{y}) \rangle = \langle \underline{x},\underline{y} \rangle$.

(b) B ist eine Orthonormalbasis.

(c) $\mathfrak{J}$ ist eine Orthogonalmatrix.

<u>Beweis</u>: Äquivalenz von (a) und (b): Es sei $S = \{\underline{e}_1,\ldots,\underline{e}_n\}$. Aus (a) folgt unmittelbar

$$\langle f(\underline{e}_i),f(\underline{e}_k) \rangle = \langle \underline{e}_i,\underline{e}_k \rangle = \delta_{ik} \quad (1 \leq i,k \leq n).$$

Das ist Aussage (b).

Nun sei (b) vorausgesetzt, d.h. es sei

$$\langle f(\underline{e}_i),f(\underline{e}_k) \rangle = \delta_{ik} \quad (1 \leq i,k \leq n).$$

Dann ist die durch

$$\beta_f(\underline{x},\underline{y}) = \langle f(\underline{x}),f(\underline{y})\rangle \qquad (\underline{x},\underline{y} \in E)$$

gegebene Bilinearform β_f wegen

$$\beta_f(\underline{e}_i,\underline{e}_k) = \delta_{ik} = \langle \underline{e}_i,\underline{e}_k\rangle$$

(d.h. wegen Übereinstimmung der Werte für alle Paare von Basis-elementen aus S) mit dem vorgegebenen Skalarprodukt identisch. Daraus folgt (a).

Äquivalenz von (b) und (c): Nach Definition der Transformations-matrix $\mathfrak{J}$ gibt es eine zu S gehörende Koordinatendarstellung $j:E \to \underline{R}^n$ mit

$$j(f(\underline{e}_k)) = \mathfrak{J}e_k \qquad (\underline{e}_k = j^{-1}(e_k),\ k = 1,\dots,n).$$

Dabei ist $S = \{\underline{e}_1,\dots,\underline{e}_n\}$, $B = \{f(\underline{e}_1),\dots,f(\underline{e}_n)\}$. Da S Orthonor-malbasis ist, wird das Skalarprodukt von E bei der Koordinatendar-stellung j durch das kanonische Skalarprodukt von $\underline{R}^n$ repräsentiert. Insbesondere ist

$$\langle f(\underline{e}_i),f(\underline{e}_k)\rangle = (\mathfrak{J}e_i)^{\mathsf{T}}(\mathfrak{J}e_k).$$

B ist folglich genau dann ein Orthonormalsystem, wenn die Spalten-vektoren $\mathfrak{J}e_k$ von $\mathfrak{J}$ ein Orthonormalsystem in $\underline{R}^n$ bilden, also wenn $\mathfrak{J}$ eine orthogonale Matrix ist.

(E,β) und (E',β') seien euklidische Vektorräume. Einen Isomor-phismus $f \in \underline{\mathrm{Lin}}(E,E')$, der das Skalarprodukt β in β' überführt $(\beta(\underline{x},\underline{y}) = \beta'(f(\underline{x}),f(\underline{y}))$ für alle $\underline{x},\underline{y} \in E)$, bezeichnet man als o r - t h o g o n a l e   A b b i l d u n g von (E,β) auf (E',β').

Einen Vektorraumisomorphismus hatten wir als strukturerhaltende Abbildung für die Vektorraumstruktur kennengelernt. Die orthogonale Abbildung spielt eine entsprechende Rolle für die speziellere Struktur des euklidischen Vektorraumes. Die Automorphismen f mit den in Satz 6.4 angegebenen äquivalenten Eigenschaften sind gerade die ortho-gonalen Abbildungen eines euklidischen Raumes auf sich.

Nach Satz 6.2 besitzt jeder euklidische Vektorraum eine Orthonormalbasis. Ist nun f eine lineare Abbildung des n-dimensionalen euklidischen Vektorraumes E in den $\underline{R}$-Vektorraum V und ist Rang f = r(r < n),
so gibt es in E ein Orthonormalsystem $\{\underline{x}_1, \ldots, \underline{x}_{n-r}\}$ mit $f(\underline{x}_1)$ =
$\ldots = f(\underline{x}_{n-r}) = \underline{0}$; denn N = Kern f bildet als (n-r)-dimensionaler
Unterraum von E mit der Einschränkung des Skalarprodukts auf
N × N einen euklidischen Vektorraum und besitzt folglich eine Orthonormalbasis $\{\underline{x}_1, \ldots, \underline{x}_{n-r}\}$.

Damit ergibt sich

> $\underline{\text{Satz 6.5}}$: $\underline{v}_1, \ldots, \underline{v}_p$ seien p Vektoren des n-dimensionalen eu-
> klidischen Vektorraumes E (p < n). Es gibt dann mindestens
> n - p verschiedene Vektoren $\underline{x}_1, \ldots, \underline{x}_{n-p} \in E$, die ein Orthonor-
> malsystem bilden und außerdem zu allen $\underline{v}_i$ orthogonal sind.

$\underline{\text{Beweis}}$: Wir definieren $f \in \underline{\text{Lin}}(E, \underline{R}^p)$ durch

$$f(\underline{x}) = \begin{pmatrix} \langle \underline{x}, \underline{v}_1 \rangle \\ \cdot \\ \cdot \\ \cdot \\ \langle \underline{x}, \underline{v}_p \rangle \end{pmatrix} \quad \text{für alle} \quad \underline{x} \in E.$$

Wegen Rang $f \leq p$ finden wir ein Orthonormalsystem $\{\underline{x}_1, \ldots, \underline{x}_{n-p}\}$
mit $f(\underline{x}_i) = o$; es hat alle gewünschten Eigenschaften.

Die Definition des euklidischen Vektorraums und des Skalarprodukts
geht von einem Vektorraum über dem Körper der reellen Zahlen aus.
Es sei hier nur erwähnt, daß man bei Zugrundelegung des Körpers $\underline{C}$
der komplexen Zahlen als analoge Begriffe den unitären Raum
und die hermitesche Form betrachtet:

(U, η) heiß unitärer Raum, wenn U ein $\underline{C}$-Vektorraum und η eine
hermitesche Form auf U ist. Eine hermitesche Form η auf U ist
eine Abbildung von U × U in $\underline{C}$ mit

$$\eta(a\underline{u} + b\underline{v}, \underline{w}) = a\eta(\underline{u}, \underline{w}) + b\eta(\underline{v}, \underline{w}),$$

$$\eta(\underline{u}, \underline{v}) = \overline{\eta(\underline{v}, \underline{u})},$$

$$\eta(\underline{u}, \underline{u}) > 0, \quad \text{wenn} \quad \underline{u} \neq \underline{0}$$

für alle $\underline{u}, \underline{v}, \underline{w} \in U$ und $a, b \in \underline{C}$.

Die Rolle, die die orthogonale Matrix für die euklidischen Vektorräume spielt, wird bei den unitären Räumen von der u n i t ä r e n M a t r i x übernommen. Eine unitäre Matrix $\mathfrak{u} = ((u_{ik}))$ ist durch die Eigenschaft $\mathfrak{u}^{-1} = \bar{\mathfrak{u}}^{\mathsf{T}}$ gekennzeichnet $(\bar{\mathfrak{u}} = ((\bar{u}_{ik})))$.

<u>Aufgaben</u>:

1. V sei ein $\underline{R}$-Vektorraum. Eine Abbildung $N : V \to \underline{R}$ heißt N o r m , wenn N die Eigenschaften

$$N(\underline{x}) > 0 \quad \text{für} \quad \underline{x} \neq \underline{0},$$

$$N(c\underline{x}) = |c|N(\underline{x}),$$

$$N(\underline{x} + \underline{y}) \leqslant N(\underline{x}) + N(\underline{y}) \quad (\text{D r e i e c k s u n g l e i c h u n g})$$

$(\underline{x},\underline{y} \in V, \ c \in \underline{R})$ besitzt. Man zeige: Durch

$$N(\underline{x}) = \sqrt{\langle \underline{x},\underline{x} \rangle} \quad \text{für alle} \quad \underline{x} \in E$$

ist auf dem euklidischen Vektorraum E eine Norm N definiert.

2. $\mathfrak{A}$ sei eine Matrix aus $\underline{\mathrm{Lin}}(\underline{R}^n, \underline{R}^m)$. Dann ist Rang $\mathfrak{A}^{\mathsf{T}}\mathfrak{A}$ = Rang $\mathfrak{A}\mathfrak{A}^{\mathsf{T}}$ = Rang $\mathfrak{A}$.

Anleitung: Aus $(\mathfrak{A}^{\mathsf{T}}\mathfrak{A})\mathfrak{x} = \mathfrak{o}$ folgt $(\mathfrak{A}\mathfrak{x})^{\mathsf{T}}(\mathfrak{A}\mathfrak{x}) = 0$ und daraus $\mathfrak{A}\mathfrak{x} = \mathfrak{o}$.

3. Man verallgemeinere die Aussagen (b) und (c) des Satzes 6.4 auf beliebige orthogonale Abbildungen zwischen zwei n-dimensionalen euklidischen Vektorrräumen.

6.2. Ungleichungen für Determinanten

In diesem Abschnitt zeigen wir mit Hilfe der im vorangehenden Abschnitt gewonnenen Resultate noch zwei interessante Ungleichungen für Determinanten, in denen das Skalarprodukt eine Rolle spielt.

<u>Satz 6.6</u> (H a d a m a r d) : $\{\underline{e}_1, \ldots, \underline{e}_n\}$ sei eine Orthonormalbasis des euklidischen Vektorraumes E. Für jeden Endomorphismus $f \in \underline{\mathrm{Lin}}(E, E)$ gilt

$$(\det f)^2 \leqslant \prod_{i=1}^{n} \langle f(\underline{e}_i), f(\underline{e}_i) \rangle.$$

> Im Falle $f(\underline{e}_i) \neq \underline{0}$ für $i = 1,\dots,n$ steht das Gleichheitszeichen
> dann und nur dann, wenn $\{f(\underline{e}_1),\dots,f(\underline{e}_n)\}$ eine Orthogonal-
> basis ist.

__Beweis:__ Für det $f = 0$ ist die Richtigkeit des Satzes klar (vgl. Satz
6.1). Wir setzen daher det $f \neq 0$ voraus.

Wir "arithmetisieren" nun zunächst die Aussagen des Satzes:

Es seien $j : E \to \underline{R}^n$ die Koordinatendarstellung mit $j(\underline{e}_i) = e_i$
$(i = 1,\dots,n)$, $\mathfrak{J} = j \circ f \circ j^{-1}$ die f bezüglich j zugeordnete Matrix
und $\mathfrak{f}_i = \mathfrak{J} e_i$ die Spaltenvektoren von $\mathfrak{J}$. Dann gelten die Beziehungen

$$j(f(\underline{e}_i)) = \mathfrak{f}_i, \quad \langle f(\underline{e}_i), f(\underline{e}_k)\rangle = \mathfrak{f}_i^{\mathsf{T}} \mathfrak{f}_k,$$
$$\det f = \det \mathfrak{J}.$$

Der Satz ist folglich bewiesen, wenn gezeigt ist, daß stets

$$(\det \mathfrak{J})^2 \leq \prod_{i=1}^{n} \mathfrak{f}_i^{\mathsf{T}} \mathfrak{f}_i$$

gilt und Gleichheit genau dann, wenn die $\mathfrak{f}_i$ ein Orthogonalsystem
bilden.

Nach Satz 6.3 gibt es eine orthogonale Matrix $\mathfrak{S}$ und eine obere Dreiecksmatrix $\mathfrak{C}$ mit

$$\mathfrak{S}\,\mathfrak{C} = \mathfrak{J}.$$

Es ist $\mathfrak{J}^{\mathsf{T}}\mathfrak{J} = \mathfrak{C}^{\mathsf{T}}\mathfrak{S}^{\mathsf{T}}\mathfrak{S}\mathfrak{C} = \mathfrak{C}^{\mathsf{T}}\mathfrak{C}$. Nun seien $c_i = \mathfrak{C} e_i = \sum_{s=1}^{n} c_{si} e_s = \sum_{s=1}^{i} c_{si} e_s$

die Spaltenvektoren von $\mathfrak{C}$. Dann ergibt sich

$$(\det \mathfrak{J})^2 = \det(\mathfrak{J}^{\mathsf{T}}\mathfrak{J}) = \det(\mathfrak{C}^{\mathsf{T}}\mathfrak{C})$$

$$= (\det \mathfrak{C})^2 = \prod_{i=1}^{n} c_{ii}^{\,2};$$

denn wegen der Dreiecksgestalt von $\mathfrak{C}$ ist

$$\det \mathfrak{C} = \prod_{i=1}^{n} c_{ii} \, .$$

Andererseits ist

$$\mathfrak{f}_i^{\mathsf{T}} \mathfrak{f}_k = e_i^{\mathsf{T}} \mathfrak{J}^{\mathsf{T}} \mathfrak{J} e_k = e_i^{\mathsf{T}} \mathfrak{C}^{\mathsf{T}} \mathfrak{C} e_k = c_i^{\mathsf{T}} c_k \, .$$

Nun gilt aber

$$c_{ii}^{2} \leqslant \sum_{k=1}^{n} c_{ki}^{2} = c_i^{\mathsf{T}} c_i \quad (i = 1, \dots, n) \, ,$$

und diese Ungleichungen führen nach dem zuvor Gesagten zu

$$(\det \mathfrak{J})^{2} \leqslant \prod_{i=1}^{n} \mathfrak{f}_i^{\mathsf{T}} \mathfrak{f}_i \, .$$

Die Gleichheit ergibt sich dann und nur dann, wenn alle c_{ki} mit $k \neq i$ gleich 0 sind. Dies jedoch ist wegen

$$\mathfrak{f}_i^{\mathsf{T}} \mathfrak{f}_k = c_i^{\mathsf{T}} c_k = \sum_{s=1}^{n} c_{si} c_{sk} = \sum_{s=1}^{i-1} c_{si} c_{sk} + c_{ii} c_{ik}$$

für $i = 1, \dots, n$ gleichbedeutend mit

$$\mathfrak{f}_i^{\mathsf{T}} \mathfrak{f}_k = 0 \quad \text{für} \quad i \neq k \, ,$$

d.h. mit der paarweisen Orthogonalität der Vektoren $\mathfrak{f}_1, \dots, \mathfrak{f}_n$.

Damit ist der Beweis vollendet.

Satz 6.7: $S = \{\underline{u}_1, \dots, \underline{u}_m\}$ und $T = \{\underline{v}_1, \dots, \underline{v}_m\}$ seien Teilmengen eines euklidischen Vektorraumes E. Dann ist

$$\left| \begin{matrix} \langle \underline{u}_1 , \underline{v}_1 \rangle & \cdots & \langle \underline{u}_1 , \underline{v}_m \rangle \\ \cdot & \cdots & \cdot \\ \langle \underline{u}_m , \underline{v}_1 \rangle & \cdots & \langle \underline{u}_m , \underline{v}_m \rangle \end{matrix} \right|^2 \leq \prod_{i=1}^{m} \left(\langle \underline{u}_i , \underline{u}_i \rangle \langle \underline{v}_i , \underline{v}_i \rangle \right).$$

Das Gleichheitszeichen steht dann und nur dann, wenn $\underline{0} \in S \cup T$ ist oder wenn S und T m-elementige Orthogonalsysteme mit $\mathscr{L}S = \mathscr{L}T$ sind.

__Beweis:__ Wir setzen $\underline{0} \notin S \cup T$ voraus, da der Fall $\underline{0} \in S \cup T$ trivial ist. Ferner können wir ohne Einschränkung der Allgemeinheit von der Annahme ausgehen, daß E endlichdimensional ist; denn andernfalls brauchen wir in den folgenden Betrachtungen nur E durch den Unterraum $\mathscr{L}(S \cup T)$ zu ersetzen.

Es sei $\dim E = n$. Wir wählen eine Koordinatendarstellung $j : E \rightarrow \underline{R}^n$, die zu einer Orthonormalbasis von E gehört, und setzen $u_i = j(\underline{u}_i)$, $v_i = j(\underline{v}_i)$. Damit gelten die Gleichungen

$$\langle \underline{u}_i , \underline{v}_k \rangle = u_i^{\mathsf{T}} v_k, \quad \langle \underline{u}_i , \underline{u}_k \rangle = u_i^{\mathsf{T}} u_k, \quad \langle \underline{v}_i , \underline{v}_k \rangle = v_i^{\mathsf{T}} v_k.$$

Es seien $\mathfrak{U}, \mathfrak{B} \in \underline{\operatorname{Lin}}(\underline{R}^m, \underline{R}^n)$ die Matrizen mit den Spaltenvektoren $\mathfrak{U} e_i^{(m)} = u_i$, $\mathfrak{B} e_i^{(m)} = v_i$. Dann schreibt sich unsere Ungleichung:

$$(\det \mathfrak{U}^{\mathsf{T}} \mathfrak{B})^2 \leq \prod_{i=1}^{m} (u_i^{\mathsf{T}} u_i \cdot v_i^{\mathsf{T}} v_i).$$

Ist $m > n$, so gilt Rang $\mathfrak{U}^{\mathsf{T}} \mathfrak{B} < m$ und daher

$$(\det \mathfrak{U}^{\mathsf{T}} \mathfrak{B})^2 = 0 < \prod_{i=1}^{m} (u_i^{\mathsf{T}} u_i \cdot v_i^{\mathsf{T}} v_i).$$

Außerdem sind dann S und T linear abhängige Mengen, also keine Orthogonalsysteme.

Wir betrachten nun den Fall $m \leq n$. Ist $m < n$, so gibt es nach Satz 6.5 n-m Vektoren $u_{m+1}, \ldots, u_n$ mit $u_i^{\mathsf{T}} u_k = \delta_{ik}$, $u_r^{\mathsf{T}} u_i = 0$ für $m < i, k \leq n$,

$1 \leq r \leq m$. Wir setzen noch $\mathfrak{v}_i = \mathfrak{u}_i$ für $i = m + 1,\ldots,n$ und bilden die Matrizen $\mathfrak{U}_1,\mathfrak{B}_1 \in \underline{\mathrm{Lin}}(\underline{R}^n,\underline{R}^n)$ mit den Spaltenvektoren $\mathfrak{U}_1 e_r^{(n)} = \mathfrak{u}_r$, $\mathfrak{B}_1 e_r^{(n)} = \mathfrak{v}_r$ $(r = 1,\ldots,n)$. Dabei gilt

$$\det \mathfrak{U}_1^T \mathfrak{B}_1 = \begin{vmatrix} \mathfrak{u}_1^T \mathfrak{v}_1 & \cdots & \mathfrak{u}_1^T \mathfrak{v}_m & 0 & \cdots & 0 \\ \cdot & \cdots & \cdot & \cdot & \cdots & \cdot \\ \mathfrak{u}_m^T \mathfrak{v}_1 & \cdots & \mathfrak{u}_m^T \mathfrak{v}_m & 0 & \cdots & 0 \\ \cdot & \cdots & \cdot & 1 & \cdots & 0 \\ \cdot & \cdots & \cdot & & \cdot & \\ \cdot & \cdots & \cdot & \cdot & \cdot & \cdot \\ \mathfrak{u}_n^T \mathfrak{v}_1 & \cdots & \mathfrak{u}_n^T \mathfrak{v}_m & 0 & \cdots & 1 \end{vmatrix} = \det \mathfrak{U}^T \mathfrak{B}$$

sowie

$$\prod_{i=1}^{n} (\mathfrak{u}_i^T \mathfrak{u}_i \cdot \mathfrak{v}_i^T \mathfrak{v}_i) = \prod_{i=1}^{m} (\mathfrak{u}_i^T \mathfrak{u}_i \cdot \mathfrak{v}_i^T \mathfrak{v}_i).$$

Im Fall $m = n$ setzen wir $\mathfrak{U}_1 = \mathfrak{U}$, $\mathfrak{B}_1 = \mathfrak{B}$. Wir haben damit für $m \leq n$ die Ungleichung auf die Form

$$(\det \mathfrak{U}_1^T \mathfrak{B}_1)^2 \leq \prod_{i=1}^{n} (\mathfrak{u}_i^T \mathfrak{u}_i \cdot \mathfrak{v}_i^T \mathfrak{v}_i)$$

gebracht. Da $\mathfrak{U}_1$ und $\mathfrak{B}_1$ quadratisch sind, ergibt sich diese jedoch durch Multiplikation aus den beiden nach Satz 6.6 geltenden Ungleichungen

$$(\det \mathfrak{U}_1)^2 \leq \prod_{i=1}^{n} \mathfrak{u}_i^T \mathfrak{u}_i,$$

$$(\det \mathfrak{B}_1)^2 \leq \prod_{i=1}^{n} \mathfrak{v}_i^T \mathfrak{v}_i.$$

Dabei gilt Gleichheit genau dann, wenn $\{\mathfrak{u}_1,\ldots,\mathfrak{u}_n\}$ und $\{\mathfrak{v}_1,\ldots,\mathfrak{v}_n\}$ Orthogonalbasen sind. Das ist auf Grund der Wahl der $\mathfrak{u}_i$ und $\mathfrak{v}_i$ mit i $>$ m dann und nur dann der Fall, wenn $\{u_1,\ldots,u_m\}$ und $\{v_1,\ldots,v_m\}$ m-elementige Orthogonalsysteme mit $\mathscr{L}\{u_1,\ldots,u_m\} = \mathscr{L}\{v_1,\ldots,v_m\}$ sind. Diese Eigenschaften jedoch sind äquivalent mit den entsprechenden für S und T.

Der Satz ist damit bewiesen.

Für m = 1 besagt der Satz, daß für $\underline{u},\underline{v} \in E$ die Beziehung

$$\langle\underline{u},\underline{v}\rangle^2 \leqslant \langle\underline{u},\underline{u}\rangle\langle\underline{v},\underline{v}\rangle$$

gilt (Gleichheit nur, wenn $a\underline{u} = b\underline{v}$, a,b nicht beide 0). Sie wird als S c h w a r z s c h e U n g l e i c h u n g bezeichnet.

Schließlich sei noch vermerkt, daß die im letzten Satz auftretende Determinante die G r a m s c h e D e t e r m i n a n t e genannt wird.

6.3. Geometrische Anwendungen

Die lineare Algebra findet auf geometrische Fragen im Rahmen der analytischen Geometrie Anwendung. Um diesen Zusammenhang näher zu erläutern, führen wir als Präzisierung und Verallgemeinerung des anschaulichen Raumbegriffes den affinen Raum ein. Die danach folgenden Betrachtungen sollen lediglich einen knappen Eindruck davon vermitteln, wie sich bekannte geometrische Begriffe und einige damit verbundene Sätze mit Mitteln der linearen Algebra ausdrücken und behandeln lassen.

> <u>Definition 6.3</u>: A sei eine nichtleere Menge, V ein K-Vektorraum und $\alpha_+ : A \times V \to A$ eine äußere Verknüpfung auf A mit dem Operatorenbereich V (Schreibweise: $\alpha_+(P,\underline{v}) = P + \underline{v}$ für $P \in A$, $\underline{v} \in V$). (A,V,α_+) heißt a f f i n e r R a u m , wenn die folgenden Bedingungen erfüllt sind:
>
> (1) Für alle $P \in A$ und $\underline{u},\underline{v} \in V$ gilt
> $(P + \underline{u}) + \underline{v} = P + (\underline{u} + \underline{v})$.
>
> (2) Zu jedem Paar $(P,Q) \in A \times A$ existiert genau ein $\underline{v} \in V$ mit
> $P + \underline{v} = Q$.
>
> Die Elemente von A werden P u n k t e des affinen Raumes genannt.

Der zwei Punkten $P, Q \in A$ nach (2) eindeutig zugeordnete Vektor wird auch mit $\overrightarrow{PQ}$ bezeichnet. Wie sich leicht nachweisen läßt, gelten die Beziehungen

$$\overrightarrow{PP} = \underline{0}, \quad \overrightarrow{QP} = -\overrightarrow{PQ}, \quad \overrightarrow{PQ} + \overrightarrow{QR} = \overrightarrow{PR}$$

für alle $P, Q, R \in A$.

Ist $\dim V = n$, so nennt man n auch die Dimension des affinen Raumes (A, V, α_+).

Einen affinen Raum (A', V', α'_+) nennen wir affinen Unterraum von (A, V, α_+), wenn A' Teilmenge von A und V' Unterraum von V ist und α'_+ durch α_+ induziert wird.

Eine Gerade ist dann ein eindimensionaler affiner Unterraum. Beispielsweise ist $G = \{P + t\underline{g} \mid t \in K\}$ für $\underline{g} \neq \underline{0}$ eine Gerade durch den Punkt $P \in A$, deren Richtung durch $\underline{g}$ gegeben ist. Ein Punkt Q liegt auf der Geraden G, wenn $Q \in G$ gilt.

(A, V, α_+), (A', V', α'_+) seien wieder affine Räume, und F sei eine Abbildung von A in A'. Wir können dann zu F und jedem Punkt $P \in A$ eine Abbildung $f_P : V \to V'$ auf folgende Weise definieren:

$$f_P(\underline{v}) = \overrightarrow{F(P)F(P + \underline{v})} \quad \text{für jedes} \quad \underline{v} \in V.$$

Die Abbildung $F : A \to A'$ heißt affine Abbildung, wenn es einen Punkt $P \in A$ gibt, so daß die Abbildung $f_P : V \to V'$ linear ist.

F sei eine affine Abbildung und f_P eine zugehörige lineare Abbildung, dann gilt $f_P = f_Q$ für jeden Punkt $Q \in A$, wie die folgende Rechnung zeigt:

Für beliebiges $\underline{v} \in V$ ist mit $\underline{u} = \overrightarrow{PQ}$

$$f_P(\underline{u}) + f_P(\underline{v}) = f_P(\underline{u} + \underline{v}) = \overrightarrow{F(P)F(P + \underline{u} + \underline{v})} =$$

$$\overrightarrow{F(P)F(Q + \underline{v})} = \overrightarrow{F(P)F(Q)} + \overrightarrow{F(Q)F(Q + \underline{v})} =$$

$$\overrightarrow{F(P)F(P + \underline{u})} + \overrightarrow{F(Q)F(Q + \underline{v})} = f_P(\underline{u}) + f_Q(\underline{v}).$$

Die affinen Abbildungen sind die strukturverträglichen Abbildungen
für affine Räume und entsprechen damit den linearen Abbildungen
bei Vektorräumen. Sie überführen beispielsweise Geraden in Geraden.

Der affine Raum (A,V,α_+) sei n-dimensional $(n \in \underline{N})$. Aussagen
über diesen können folgendermaßen auf Aussagen über den arithmetischen Vektorraum K^n zurückgeführt werden:

$O \in A$ sei ein fest gewählter Bezugspunkt, $\{\underline{e}_1,\ldots,\underline{e}_n\}$ eine Basis
von V. $j : V \to K^n$ bezeichne die Koordinatendarstellung mit $j(\underline{e}_i) = e_i$.
Jedem Punkt $P \in A$ ist dann eindeutig ein Spaltenvektor

$$J(P) = j(\overrightarrow{OP}) = \begin{pmatrix} p_1 \\ \cdot \\ \cdot \\ \cdot \\ p_n \end{pmatrix} \in K^n$$

zugeordnet. Man bezeichnet $p_1,\ldots,p_n$ als die Koordinaten des
Punktes P bezüglich des Koordinatensystems $(O,\underline{e}_1,\ldots,\underline{e}_n)$.
O wird der Ursprung des Koordinatensystems genannt. Es ist
$J(O) = o$.

φ_+ bezeichne die Vektoraddition auf K^n. Dann ist (K^n,K^n,φ_+) offenbar ein affiner Raum. Seine Punkte sind die Spaltenvektoren selbst.
Wir haben soeben eine bijektive affine Abbildung J erklärt, die (A,V,α_+)
in (K^n,K^n,φ_+) überführt. Alle Betrachtungen können daher in K^n durch-
geführt werden.

Winkel- und Entfernungsangaben sind in dem affinen Raum (A,E,α_+)
möglich, wenn E ein $\underline{R}$-Vektorraum ist, auf dem ein Skalarprodukt erklärt ist. Es bestehen dann folgende Zusammenhänge:

Der Abstand zweier Punkter $P,Q \in A$ ist gegeben durch

$$|P,Q| = \sqrt{\langle \overrightarrow{PQ},\overrightarrow{PQ} \rangle}.$$

Für den Winkel γ zwischen den durch die Vektoren $\underline{u},\underline{v} \in E \setminus \{\underline{0}\}$ bestimmten Richtungen gilt

$$\cos \gamma = \frac{\langle \underline{u},\underline{v} \rangle}{\sqrt{\langle \underline{u},\underline{u} \rangle \langle \underline{v},\underline{v} \rangle}}.$$

(Nach der S c h w a r z schen Ungleichung ist der Betrag dieser Zahl maximal gleich 1.)

Sind $\underline{u}$ und $\underline{v}$ orthogonal, ist also $\langle\underline{u},\underline{v}\rangle = 0$, so bilden offenbar $\underline{u}$ und $\underline{v}$ einen rechten Winkel.

Wir führen hier als Anwendung den Kosinussatz an:

Für die Seitenlängen des von den drei Punkten P,Q,R des affinen Raumes gebildeten Dreiecks gilt

$$|P,R|^2 = \langle\overrightarrow{PR},\overrightarrow{PR}\rangle = \langle\overrightarrow{PQ} + \overrightarrow{QR},\overrightarrow{PQ} + \overrightarrow{QR}\rangle$$

$$= \langle\overrightarrow{PQ},\overrightarrow{PQ}\rangle + \langle\overrightarrow{QR},\overrightarrow{QR}\rangle + 2\langle\overrightarrow{PQ},\overrightarrow{QR}\rangle$$

$$= |Q,P|^2 + |Q,R|^2 - 2\langle\overrightarrow{QP},\overrightarrow{QR}\rangle,$$

also mit dem Winkel γ des Dreiecks bei Q

$$|P,R|^2 = |Q,P|^2 + |Q,R|^2 - 2|Q,P|\cdot|Q,R|\cdot\cos\gamma.$$

Damit bei der Darstellung $J : A \to \underline{R}^n$ bezüglich des Koordinatensystems $(O,\underline{e}_1,\ldots,\underline{e}_n)$ Abstände und Winkel erhalten bleiben, muß nach Abschnitt 6.1 $\{\underline{e}_1,\ldots,\underline{e}_n\}$ ein Orthonormalsystem sein. Ein derartiges normiertes, rechtwinkliges Koordinatensystem wird k a r t e s i s c h e s K o o r d i n a t e n s y s t e m genannt.

Bei unseren weiteren Betrachtungen beschränken wir uns hauptsächlich auf den Raum $\underline{R}^3$.

Eine E b e n e E in $\underline{R}^3$ ist ein zweidimensionaler affiner Unterraum. E kann folglich in der Form

$$E = \{\mathfrak{p} + s\mathfrak{g} + t\mathfrak{h}\,|\,s,t \in \underline{R}\}$$

$$(\{\mathfrak{g},\mathfrak{h}\} \text{ linear unabhängig})$$

angegeben werden (Parameterdarstellung). In E liegen offensichtlich die Geraden $\{\mathfrak{p} + s\mathfrak{g}\,|\,s \in \underline{R}\}$ und $\{\mathfrak{p} + t\mathfrak{h}\,|\,t \in \underline{R}\}$, und diese "spannen E auf".

Eine weitere Darstellungsmöglichkeit ist

$$E = \{\mathfrak{r} \mid c^T(\mathfrak{r} - \mathfrak{p}) = 0\} \qquad (c \neq \mathfrak{o}).$$

Man gelangt zu ihr, indem man $\mathfrak{g}$ und $\mathfrak{h}$ durch einen Vektor c mit $c^T\mathfrak{g} = c^T\mathfrak{h} = 0$ zu einer Basis von $\underline{R}^3$ ergänzt (s. Satz 6.5).

$c_1, c_2 \in \underline{R}^3$ seien linear unabhängig. Sämtliche Ebenen

$$E = \{\mathfrak{r} \mid c^T(\mathfrak{r} - \mathfrak{p}) = 0\} \quad \text{mit} \quad c \in \mathscr{L}\{c_1, c_2\}$$

haben eine gemeinsame Gerade $\{\mathfrak{p} + t\mathfrak{r} \mid t \in \underline{R}\}$ $(\mathfrak{r}^T c_1 = \mathfrak{r}^T c_2 = 0)$, sie bilden ein **Ebenenbüschel**. Läßt man für c alle Vektoren aus $\underline{R}^3 \setminus \{\mathfrak{o}\}$ zu, so erhält man alle Ebenen, die durch den Punkt $\mathfrak{p}$ gehen (**Ebenenbündel**).

Mit $c = \begin{pmatrix} c_1 \\ c_2 \\ c_3 \end{pmatrix}$, $c_0 = -c^T\mathfrak{p}$ erhält man aus der obigen Ebenengleichung

$$E = \left\{ \begin{pmatrix} x_1 \\ x_2 \\ x_3 \end{pmatrix} \middle| c_0 + c_1 x_1 + c_2 x_2 + c_3 x_3 = 0 \right\}$$

oder mit

$$\tilde{c} = \begin{pmatrix} c_0 \\ c_1 \\ c_2 \\ c_3 \end{pmatrix}, \quad \hat{\mathfrak{r}} = \begin{pmatrix} 1 \\ x_1 \\ x_2 \\ x_3 \end{pmatrix} \quad \text{für} \quad \mathfrak{r} = \begin{pmatrix} x_1 \\ x_2 \\ x_3 \end{pmatrix}$$

$$E = \{\mathfrak{r} \mid \tilde{c}^T \hat{\mathfrak{r}} = 0\}$$

Zwei auf diese Weise dargestellte Ebenen

$$E_i = \{\mathfrak{r} \mid \tilde{c}_i^T \hat{\mathfrak{r}} = 0\} = \{\mathfrak{r} \mid c_i^T(\mathfrak{r} - \mathfrak{p}_i) = 0\} \qquad (i = 1, 2)$$

sind parallel, wenn $c_1 = a\, c_2$ ist; sie fallen zusammen für $\tilde{c}_1 = a\, \tilde{c}_2$ $(a \in \underline{R})$. Entsprechende Aussagen für mehr als zwei Ebenen $E_1, \ldots, E_m$ lassen

sich mit Hilfe des Rangs der $(3,m)$-Matrix $\mathfrak{C}$ mit $\mathfrak{C}e_i^{(m)} = c_i$ und
des Rangs der $(4,m)$-Matrix $\widetilde{\mathfrak{C}}$ mit $\widetilde{\mathfrak{C}}e_i^{(m)} = \widetilde{c}_i$ machen.

Gegeben seien die Punkte $\mathfrak{p}_i = \begin{pmatrix} p_{1i} \\ p_{2i} \\ p_{3i} \end{pmatrix}$ $(i = 1,\ldots,m)$. Wir bilden

$$\mathfrak{P} = \begin{pmatrix} 1 & \cdots & 1 \\ p_{11} & \cdots & p_{1m} \\ p_{21} & \cdots & p_{2m} \\ p_{31} & \cdots & p_{3m} \end{pmatrix}.$$

Dann bestehen folgende Zusammenhänge:

Rang $\mathfrak{P} = 1$: Die Punkte fallen in einem zusammen.

Rang $\mathfrak{P} = 2$: Die Punkte liegen auf einer Geraden und fallen nicht
alle zusammen.

Rang $\mathfrak{P} = 3$: Die Punkte liegen in einer Ebene, aber nicht auf einer
Geraden.

Dies ergibt sich aus der Maximalzahl linear unabhängiger Vektoren
$\widetilde{c} \in \underline{R}^4$ mit $\mathfrak{P}^T \widetilde{c} = \mathfrak{o}$; denn jeder derartige Vektor $\widetilde{c}$ bestimmt eine
Ebene $\{\mathfrak{x} \mid \widetilde{c}^T \widetilde{\mathfrak{x}} = 0\}$, in der alle $\mathfrak{p}_i$ liegen.

Eine Ebene E, die durch drei (nicht auf einer Geraden liegende)
Punkte

$$\mathfrak{p}_i = \begin{pmatrix} p_{1i} \\ p_{2i} \\ p_{3i} \end{pmatrix} \qquad (i = 1,2,3)$$

geht, wird daher durch

$$E = \left\{ \begin{pmatrix} x_1 \\ x_2 \\ x_3 \end{pmatrix} \,\middle|\, \begin{vmatrix} 1 & 1 & 1 & 1 \\ x_1 & p_{11} & p_{12} & p_{13} \\ x_2 & p_{21} & p_{22} & p_{23} \\ x_3 & p_{31} & p_{32} & p_{33} \end{vmatrix} = 0 \right\}$$

beschrieben.

Ist $F : \underline{R}^3 \to \underline{R}^3$ eine affine Abbildung, so existieren genau ein Punkt $\mathfrak{p} \in \underline{R}^3$ und genau eine Matrix $\mathfrak{J} \in \underline{\mathrm{Lin}}(\underline{R}^3, \underline{R}^3)$ mit

$$F(\mathfrak{x}) = \mathfrak{p} + \mathfrak{J}\mathfrak{x} \quad \text{für alle} \quad \mathfrak{x} \in \underline{R}^3 .$$

Die affine Abbildung F läßt Winkel und Entfernungen dann und nur dann invariant, wenn $\mathfrak{J}$ eine orthogonale Matrix ist.

Im folgenden setzen wir voraus, daß der Nullpunkt $\mathfrak{o}$ auf sich abgebildet wird; dann ist die affine Abbildung allein durch eine Matrix gegeben.

Die Matrix $\mathfrak{R}_i$, definiert durch

$$\mathfrak{R}_i e_j = e_j \; (j \neq i), \quad \mathfrak{R}_i e_i = - e_i ,$$

ist orthogonal mit $\det \mathfrak{R}_i = - 1$. Sie beschreibt eine Spiegelung an der durch $\mathfrak{o}, e_j, e_k$ ($\{i,j,k\} = \{1,2,3\}$) gehenden Ebene.

Die durch

$$\mathfrak{P}_{ik}^{(\varphi)} e_j = \begin{cases} e_j & j \neq i,k \\ \cos \varphi \, e_i - \sin \varphi \, e_k & j = i \\ \sin \varphi \, e_i + \cos \varphi \, e_k & j = k \end{cases}$$

für $i \neq k$ erklärte Matrix $\mathfrak{P}_{ik}^{(\varphi)}$ ist ebenfalls orthogonal, und es gilt $\det \mathfrak{P}_{ik}^{(\varphi)} = 1$. Diese Matrix liefert eine Drehung um den Winkel φ mit der durch $\mathfrak{o}$ und e_j ($j \neq i,k$) gehenden Geraden als Drehachse. Es ist $\left(\mathfrak{P}_{ik}^{(\varphi)}\right)^{\mathsf{T}} = \left(\mathfrak{P}_{ik}^{(\varphi)}\right)^{-1} = \mathfrak{P}_{ik}^{(-\varphi)}$.

Eine Drehung allgemeinster Art in $\underline{R}^3$ (die den Nullpunkt festläßt) wird durch eine Matrix der Form

$$\mathfrak{P} = \mathfrak{P}_{12}^{(\psi)} \mathfrak{P}_{13}^{(\chi)} \mathfrak{P}_{23}^{(\varphi)}$$

mit geeigneten Winkeln ψ, χ, φ gegeben. ψ, χ, φ heißen die **E u l e r -
s c h e n W i n k e l** der Drehung.

Sämtliche orthogonalen $(3,3)$-Matrizen lassen sich aus den genannten Spiegelungs- und Drehungsmatrizen zusammensetzen.

Allgemeiner gelten für $\underline{R}^n$ die folgenden Sätze (wobei die Matrizen $\mathfrak{P}_{ik}^{(\varphi)}$ wie im dreidimensionalen Fall definiert sind):

> Satz 6.8: Jede Matrix $\mathfrak{S} \in \underline{\mathrm{Lin}}(\underline{R}^n,\underline{R}^n)$ läßt sich in der Form
>
> $$\mathfrak{S} = \mathfrak{P}_{12}^{(\varphi_{12})} \cdots \mathfrak{P}_{1n}^{(\varphi_{1n})} \mathfrak{P}_{23}^{(\varphi_{23})} \cdots \mathfrak{P}_{n-1,n}^{(\varphi_{n-1,n})} \mathfrak{B}$$
>
> schreiben, wobei $\mathfrak{B} = ((b_{ik}))$ eine obere Dreiecksmatrix mit $b_{ii} > 0$ für $i = 1,\ldots,n - 1$ ist.

Wir verzichten auf den Beweis, der mit Hilfe eines naheliegenden Konstruktionsverfahrens geführt werden kann.

Für alle i,k ist $\det \mathfrak{P}_{ik}^{(\varphi_{ik})} = 1$. Daher gilt $\det \mathfrak{S} = \det \mathfrak{B} = \prod_{i=1}^{n} b_{ii}$.

Ist ferner $\mathfrak{S}$ orthogonal, so auch $\mathfrak{B}$. Folglich gilt

> Satz 6.9: Jede orthogonale Matrix $\mathfrak{S} \in \underline{\mathrm{Lin}}(\underline{R}^n,\underline{R}^n)$ läßt sich in der Form
>
> $$\mathfrak{S} = \mathfrak{P}_{12}^{(\varphi_{12})} \cdots \mathfrak{P}_{1n}^{(\varphi_{1n})} \mathfrak{P}_{23}^{(\varphi_{23})} \cdots \mathfrak{P}_{n-1,n}^{(\varphi_{n-1,n})} \mathfrak{B}$$
>
> schreiben. Dabei ist $\mathfrak{B}$ für $\det \mathfrak{S} = 1$ die Einheitsmatrix, und für $\det \mathfrak{S} = -1$ ist $\mathfrak{B} = ((b_{ik}))$ mit $b_{ik} = \delta_{ik}$ für $(i,k) \neq (n,n)$ und $b_{nn} = -1$.

Abschließend sei noch erwähnt, daß das Volumen eines Parallelepipeds mit den Eckpunkten

$$p_i = \begin{pmatrix} p_{1i} \\ p_{2i} \\ p_{3i} \end{pmatrix} \in \underline{R}^3 \quad (i = 0,1,2,3)$$

durch die Determinanten

$$\begin{vmatrix} 1 & 1 & 1 & 1 \\ P_{10} & P_{11} & P_{12} & P_{13} \\ P_{20} & P_{21} & P_{22} & P_{23} \\ P_{30} & P_{31} & P_{32} & P_{33} \end{vmatrix} = \begin{vmatrix} v_{11} & v_{12} & v_{13} \\ v_{21} & v_{22} & v_{23} \\ v_{31} & v_{32} & v_{33} \end{vmatrix}$$

$$\text{mit} \qquad \begin{pmatrix} v_{1i} \\ v_{2i} \\ v_{3i} \end{pmatrix} = p_i - p_0$$

gegeben ist.

7. Quadratische Formen

7.1. Das charakteristische Polynom

Wir stellen zunächst eine Betrachtung voran, von der in diesem Abschnitt häufig Gebrauch gemacht wird.

K sei ein Körper und L ein Erweiterungskörper von K (s. Anhang). Jeder arithmetische K-Vektorraum K^n ist dann Teilmenge des entsprechenden L-Vektorraumes L^n. Die Menge der Einheitsvektoren $e_1,\dots,e_n$ bildet in beiden Vektorräumen eine Basis. Man kann daher jeder Matrix $\mathfrak{A}_K \in \underline{\mathrm{Lin}}(K^n,K^m)$ die eindeutig bestimmte Matrix $\mathfrak{A}_L \in \underline{\mathrm{Lin}}(L^n,L^m)$ mit $\mathfrak{A}_L e_i = \mathfrak{A}_K e_i$ $(i = 1,\dots,n)$ zuordnen. $\mathfrak{A}_K$ und $\mathfrak{A}_L$ haben dieselben Elemente, und für $\mathfrak{x} \in K^n$ gilt $\mathfrak{A}_L \mathfrak{x} = \mathfrak{A}_K \mathfrak{x}$. Offenbar ist im Falle $m = n$ auch $\det \mathfrak{A}_K = \det \mathfrak{A}_L$, und allgemein stimmt für $\mathfrak{A}_K$ und $\mathfrak{A}_L$ alles überein, was nur von den Matrixelementen abhängt.

Wir werden daher verschiedentlich statt einer gegebenen Matrix $\mathfrak{A}_K$ die entsprechende Matrix $\mathfrak{A}_L$ untersuchen, wobei L ein zweckmäßig gewählter Erweiterungskörper von K ist. Üblicherweise werden $\mathfrak{A}_K$ und $\mathfrak{A}_L$ sogar identifiziert.

$\mathfrak{A} \in \underline{\mathrm{Lin}}(K^n,K^n)$ sei eine Matrix. Im Zusammenhang mit quadratischen Formen tritt die Frage nach von $\mathfrak{o}$ verschiedenen Vektoren $\mathfrak{x} \in K^n$ mit

$$\mathfrak{A}\,\mathfrak{x} = \lambda\,\mathfrak{x} \qquad (\lambda \in K)$$

auf. Vektoren mit dieser Eigenschaft existieren offenbar genau für solche $\lambda \in K$, für die die Matrix $\lambda\mathfrak{E} - \mathfrak{A}$ singulär ist, für die also

$$\det(\lambda\mathfrak{E} - \mathfrak{A}) = 0$$

gilt.

Wie man etwa anhand der expliziten Darstellung (4.6) einer Determinante erkennt, gilt

$$\det(\lambda\,\mathfrak{E} - \mathfrak{A}) = \varphi(\lambda) \qquad \text{für} \quad \lambda \in K$$

mit einem Polynom $\varphi(X) = X^n + c_{n-1}X^{n-1} + \ldots + c_0$ aus $K[X]$. Betrachten wir $\mathfrak{A}$ als Matrix aus $\underline{\mathrm{Lin}}(K(X)^n, K(X)^n)$, so können wir $\varphi(X)$ auch in der Form

$$\varphi(X) = \det(X\,\mathfrak{E} - \mathfrak{A})$$

schreiben.

> __Definition 7.1:__ $\mathfrak{A} \in \underline{\mathrm{Lin}}(K^n, K^n)$ sei eine quadratische Matrix. Ein Körperelement $\lambda \in K$ heißt E i g e n w e r t von $\mathfrak{A}$, wenn ein Vektor $\mathfrak{x} \neq \mathfrak{o}$ aus K^n mit
>
> $$\mathfrak{A}\,\mathfrak{x} = \lambda\,\mathfrak{x}$$
>
> existiert, und jeder derartige Vektor $\mathfrak{x}$ heißt E i g e n v e k t o r zum Eigenwert λ.
>
> Das Polynom
>
> $$\varphi(X) = \det(X\,\mathfrak{E} - \mathfrak{A})$$
>
> wird c h a r a k t e r i s t i s c h e s   P o l y n o m von $\mathfrak{A}$ genannt.

Die der Definition vorausgehenden Betrachtungen zeigen, daß die Eigenwerte von $\mathfrak{A}$ genau die Nullstellen des charakteristischen Polynoms von $\mathfrak{A}$ sind. $\mathfrak{A}$ besitzt deshalb höchstens n Eigenwerte.

Die Koeffizienten eines charakteristischen Polynoms lassen sich mit Hilfe der Determinantenformel (4.6) noch näher bestimmen:

> __Satz 7.1:__ $\det(X\mathfrak{E} - \mathfrak{A}) = X^n + c_{n-1}X^{n-1} + \ldots + c_1 X + c_0$ sei charakteristisches Polynom der (n,n)-Matrix $\mathfrak{A} = ((a_{ik}))$. Dann ist $(-1)^p c_{n-p}$ $(1 \leqslant p \leqslant n)$ die Summe aller $\binom{n}{p}$ Unterdeterminanten der Form

$$\left| \begin{array}{ccc} a_{\alpha_1\alpha_1} & \cdots & a_{\alpha_1\alpha_p} \\ \cdot & \cdots & \cdot \\ a_{\alpha_p\alpha_1} & \cdots & a_{\alpha_p\alpha_p} \end{array} \right| \qquad \text{mit} \quad 1 \leqslant \alpha_1 < \ldots < \alpha_p \leqslant n.$$

Insbesondere ist $c_{n-1} = - \sum\limits_{i=1}^{n} a_{ii}$ und $c_0 = (-1)^n \det \mathfrak{A}$.

Die im Satz vorkommenden Unterdeterminanten heißen Hauptunterdeterminanten oder Hauptminoren von $\mathfrak{A}$. Ferner wird die als $-c_{n-1}$ auftretende Summe der Hauptdiagonalelemente die Spur von $\mathfrak{A}$ genannt.

Der Beweis des Satzes bleibt im einzelnen dem Leser überlassen.

Satz 7.2: Besteht für die (n,n)-Matrizen $\mathfrak{A}$ und $\mathfrak{B}$ die Beziehung

$$\mathfrak{B} = \mathfrak{T}^{-1} \mathfrak{A} \mathfrak{T}$$

mit einer nichtsingulären Matrix $\mathfrak{T}$, so stimmen ihre charakteristischen Polynome $\det(X\mathfrak{E} - \mathfrak{A})$ und $\det(X\mathfrak{E} - \mathfrak{B})$ überein.

Beweis: Es gilt

$$\det(X\mathfrak{E} - \mathfrak{B}) = \det(X\mathfrak{E} - \mathfrak{T}^{-1}\mathfrak{A}\mathfrak{T}) = \det[\mathfrak{T}^{-1}(X\mathfrak{E} - \mathfrak{A})\mathfrak{T}]$$

$$= (\det \mathfrak{T})^{-1} \det(X\mathfrak{E} - \mathfrak{A}) \cdot \det \mathfrak{T} = \det(X\mathfrak{E} - \mathfrak{A}).$$

Die im Satz vorausgesetzte Beziehung zwischen $\mathfrak{A}$ und $\mathfrak{B}$ besteht beispielsweise, wenn es sich um die Matrizen handelt, die ein und demselben Endomorphismus eines Vektorraumes V bezüglich zweier Koordinatendarstellungen j und j' $(j = \mathfrak{T} \circ j')$ zugeordnet sind (vgl. Abschnitt 3.3).

Satz 7.3: Es seien $\mathfrak{A}$ und $\mathfrak{B}$ zwei Matrizen aus $\underline{\mathrm{Lin}}(K^n, K^n)$. Dann haben $\mathfrak{A}\mathfrak{B}$ und $\mathfrak{B}\mathfrak{A}$ dasselbe charakteristische Polynom $\varphi(X)$.

Beweis: Wir betrachten Polynome über K in den Unbestimmten X, Y (und fassen demgemäß $\mathfrak{A}$ und $\mathfrak{B}$ als Matrizen aus $\underline{\mathrm{Lin}}(K(X,Y)^n, K(X,Y)^n)$ auf).

Es sei $\mathfrak{B}_Y = \mathfrak{B} - Y\mathfrak{C}$. Dann gilt die Beziehung

$$\det \mathfrak{B}_Y \cdot \det(X\mathfrak{C} - \mathfrak{A}\mathfrak{B}_Y) = \det[\mathfrak{B}_Y(X\mathfrak{C} - \mathfrak{A}\mathfrak{B}_Y)]$$

$$= \det[(X\mathfrak{C} - \mathfrak{B}_Y\mathfrak{A})\mathfrak{B}_Y] = \det(X\mathfrak{C} - \mathfrak{B}_Y\mathfrak{A})\det \mathfrak{B}_Y.$$

Da $\psi(Y) = (-1)^n \det \mathfrak{B}_Y$ charakteristisches Polynom von $\mathfrak{B}$ und damit
nicht das Nullpolynom in $K[X,Y]$ ist, so folgt daraus

$$\det(X\mathfrak{C} - \mathfrak{A}\mathfrak{B}_Y) = \det(X\mathfrak{C} - \mathfrak{B}_Y\mathfrak{A}).$$

Indem man in dieser Gleichung Y durch 0 ersetzt, erhält man

$$\det(X\mathfrak{C} - \mathfrak{A}\mathfrak{B}) = \det(X\mathfrak{C} - \mathfrak{B}\mathfrak{A}).$$

$K[X]$ sei ein Polynomring über K und $p(X) = c_n X^n + \ldots + c_1 X + c_0$
ein Polynom aus $K[X]$. Ferner sei $\mathfrak{A}$ eine Matrix aus $\underline{\mathrm{Lin}}(K^m, K^m)$.
Dann erklärt man die Matrix $p(\mathfrak{A})$ aus $\underline{\mathrm{Lin}}(K^m, K^m)$ durch

$$p(\mathfrak{A}) = c_n \mathfrak{A}^n + \ldots + c_1 \mathfrak{A} + c_0 \mathfrak{C}.$$

$\underline{\text{Satz 7.4}}$ (Hamilton-Cayley): Es sei $\mathfrak{A}$ eine quadratische
Matrix aus $\underline{\mathrm{Lin}}(K^n, K^n)$ mit dem charakteristischen Polynom

$$\varphi(X) = \det(X\mathfrak{C} - \mathfrak{A}).$$

Dann gilt

$$\varphi(\mathfrak{A}) = \mathfrak{O}.$$

$\underline{\text{Beweis}}$: Wir betrachten die adjungierte Matrix $(X\mathfrak{C} - \mathfrak{A})^A$ zu
$(X\mathfrak{C} - \mathfrak{A}) \in \underline{\mathrm{Lin}}(K(X)^n, K(X)^n)$. Es gilt

$$(X\mathfrak{C} - \mathfrak{A})^A (X\mathfrak{C} - \mathfrak{A}) = \det(X\mathfrak{C} - \mathfrak{A})\mathfrak{C} = \varphi(X)\mathfrak{C}.$$

Ferner sind die Elemente von $(X\mathfrak{C} - \mathfrak{A})^A$ gerade die Adjunkten, also
gewisse Unterdeterminanten von $X\mathfrak{C} - \mathfrak{A}$. Sie sind deshalb Polynome
aus $K[X]$. Man kann daher

$$(X\mathfrak{C} - \mathfrak{A})^A = \mathfrak{B}_0 + X\mathfrak{B}_1 + \ldots + X^{n-1}\mathfrak{B}_{n-1}$$

schreiben, wobei die $\mathfrak{B}_i$ (n,n)-Matrizen mit Elementen aus K sind. Mit

$$\varphi(X) = c_0 + c_1 X + \ldots + c_{n-1} X^{n-1} + X^n$$

erhalten wir dann

$$- \mathfrak{B}_0 \mathfrak{A} + \ldots + X^i (\mathfrak{B}_{i-1} - \mathfrak{B}_i \mathfrak{A}) + \ldots + X^n \mathfrak{B}_{n-1}$$

$$= (\mathfrak{B}_0 + \ldots + X^{n-1} \mathfrak{B}_{n-1})(X \mathfrak{C} - \mathfrak{A}) = \varphi(X) \mathfrak{C}$$

$$= c_0 \mathfrak{C} + \ldots + c_i X^i \mathfrak{C} + \ldots + X^n \mathfrak{C}.$$

Die Matrixelemente von $\varphi(X) \mathfrak{C}$ sind Polynome aus $K[X]$, für die nach der vorangehenden Gleichung verschiedene Darstellungen existieren. Aus einem Koeffizientenvergleich folgt

$$- \mathfrak{B}_0 \mathfrak{A} = c_0 \mathfrak{C}, \quad \ldots, \quad \mathfrak{B}_{i-1} - \mathfrak{B}_i \mathfrak{A} = c_i \mathfrak{C}, \quad \ldots, \quad \mathfrak{B}_{n-1} = \mathfrak{C}.$$

Daher ist

$$\varphi(\mathfrak{A}) = c_0 \mathfrak{C} + \ldots + c_i \mathfrak{A}^i + \ldots + \mathfrak{A}^n$$

$$= - \mathfrak{B}_0 \mathfrak{A} + \ldots + (\mathfrak{B}_{i-1} - \mathfrak{B}_i \mathfrak{A}) \mathfrak{A}^i + \ldots + \mathfrak{B}_{n-1} \mathfrak{A}^n = \mathfrak{D}.$$

<u>Folgerung:</u> Sind die Eigenwerte λ_i einer (n,n)-Matrix $\mathfrak{A}$ genau die n-ten Einheitswurzeln, d.h. gilt $\det(\lambda_i \mathfrak{C} - \mathfrak{A}) = \lambda_i^n - 1 = 0$, so ist

$$\mathfrak{A}^n - \mathfrak{C} = \mathfrak{D}, \qquad \mathfrak{A}^n = \mathfrak{C}.$$

<u>Satz 7.5:</u> $p(X)$ sei ein Polynom über dem Körper K und $\mathfrak{A}$ eine Matrix aus $\underline{\mathrm{Lin}}(K^n, K^n)$. Ist λ Eigenwert von $\mathfrak{A}$, so ist $p(\lambda)$ Eigenwert der Matrix $p(\mathfrak{A})$, und aus

$$\det(X \mathfrak{C} - \mathfrak{A}) = (X - \lambda_1) \ldots (X - \lambda_n)$$

folgt

$$\det(X \mathfrak{C} - p(\mathfrak{A})) = (X - p(\lambda_1)) \ldots (X - p(\lambda_n)).$$

<u>Beweis:</u> Wir setzen voraus, daß K ein algebraisch abgeschlossener Körper ist (s. Anhang), so daß also alle Polynome in $K[X]$ als Pro-

dukte von Polynomen ersten Grades dargestellt werden können und insbesondere

$$\varphi(X) = \det(X\mathfrak{E} - \mathfrak{A}) = (X - \lambda_1) \ldots (X - \lambda_n)$$

gilt. Andernfalls könnten wir für den Beweis offenbar zu einem entsprechenden Erweiterungskörper von K übergehen.

Wir beweisen zunächst, daß für ein Polynom $q(Y)$ über K die Gleichung

$$\det q(\mathfrak{A}) = q(\lambda_1) \ldots q(\lambda_n)$$

besteht.

Dazu können wir $q(Y)$ in der Form

$$q(Y) = c(Y - c_1) \ldots (Y - c_m) \qquad (c, c_i \in K)$$

schreiben. Wie man leicht bestätigt, ist

$$q(\mathfrak{A}) = c(\mathfrak{A} - c_1\mathfrak{E}) \ldots (\mathfrak{A} - c_m\mathfrak{E}).$$

Daraus folgt

$$\det q(\mathfrak{A}) = c^n \det(\mathfrak{A} - c_1\mathfrak{E}) \ldots \det(\mathfrak{A} - c_m\mathfrak{E})$$

und daraus wegen

$$\det(\mathfrak{A} - c_i\mathfrak{E}) = (-1)^n \varphi(c_i) = (\lambda_1 - c_i) \ldots (\lambda_n - c_i)$$

schließlich

$$\det q(\mathfrak{A}) = c^n \cdot \prod_{i=1}^{m} [(\lambda_1 - c_i) \ldots (\lambda_n - c_i)]$$

$$= \prod_{k=1}^{n} [c(\lambda_k - c_1) \ldots (\lambda_k - c_m)] = \prod_{k=1}^{n} q(\lambda_k).$$

Ersetzen wir in diesen Beziehungen K durch den Körper $L = K(X)$ und $q(Y)$ durch das Polynom $X - p(Y) \in L[Y]$, so erhalten wir das gewünschte Resultat

$$\det(X\,\mathfrak{E} - p(\mathfrak{A})) = (X - p(\lambda_1)) \; \ldots \; (X - p(\lambda_n)),$$

und der Satz ist bewiesen.

Die folgenden Sätze beziehen sich auf symmetrische Matrizen .

Satz 7.6: Es sei $\mathfrak{A} \in \underline{\mathrm{Lin}}(K^n, K^n)$ eine symmetrische Matrix. Sind $\mathfrak{r}_1$ und $\mathfrak{r}_2$ Eigenvektoren zu den unterschiedlichen Eigenwerten λ_1 bzw. λ_2 von $\mathfrak{A}$, so gilt

$$\mathfrak{r}_1{}^{\mathsf{T}} \mathfrak{r}_2 = 0.$$

Beweis: Aus $\mathfrak{A}\,\mathfrak{r}_i = \lambda_i \mathfrak{r}_i$ $(i = 1,2)$ und $\mathfrak{A} = \mathfrak{A}^{\mathsf{T}}$ folgt

$$\lambda_1 \mathfrak{r}_1{}^{\mathsf{T}} \mathfrak{r}_2 = (\mathfrak{A}\,\mathfrak{r}_1)^{\mathsf{T}} \mathfrak{r}_2 = \mathfrak{r}_1{}^{\mathsf{T}} \mathfrak{A}^{\mathsf{T}} \mathfrak{r}_2 = \mathfrak{r}_1{}^{\mathsf{T}}(\mathfrak{A}\,\mathfrak{r}_2) = \lambda_2 \mathfrak{r}_1{}^{\mathsf{T}} \mathfrak{r}_2,$$

$$(\lambda_1 - \lambda_2)\mathfrak{r}_1{}^{\mathsf{T}} \mathfrak{r}_2 = 0,$$

also wegen $\lambda_1 \neq \lambda_2$:

$$\mathfrak{r}_1{}^{\mathsf{T}} \mathfrak{r}_2 = 0.$$

(Im Falle $K = \underline{R}$ sind also die beiden Eigenvektoren bezüglich des kanonischen Skalarprodukts orthogonal - vgl. Abschnitt 6.1.)

Satz 7.7: $\mathfrak{A}$ sei eine symmetrische (n,n)-Matrix mit reellen Elementen. Für das charakteristische Polynom gilt

$$\det(X\,\mathfrak{E} - \mathfrak{A}) = (X - \lambda_1) \; \ldots \; (X - \lambda_n),$$

wobei die Eigenwerte $\lambda_1, \ldots, \lambda_n$ sämtlich reell sind.

Beweis: Wir betrachten $\mathfrak{A}$ als zu $\underline{\mathrm{Lin}}(\underline{C}^n, \underline{C}^n)$ gehörig. Da der Körper $\underline{C}$ algebraisch abgeschlossen ist, gilt die Linearfaktorzerlegung

$$\det(X\,\mathfrak{E} - \mathfrak{A}) = (X - \lambda_1) \; \ldots \; (X - \lambda_n)$$

mit den Eigenwerten $\lambda_k \in \underline{C}$.

Es sei nun $\mathfrak{x} = \begin{pmatrix} x_1 \\ \vdots \\ x_n \end{pmatrix}$ ein Eigenvektor von $\mathfrak{A}$ zum Eigenwert λ_k:

$\mathfrak{A}\,\mathfrak{x} = \lambda_k \mathfrak{x}$. Für den Vektor $\bar{\mathfrak{x}} = \begin{pmatrix} \bar{x}_1 \\ \vdots \\ \bar{x}_n \end{pmatrix}$, dessen Komponenten konjugiert

komplex zu den entsprechenden Komponenten von $\mathfrak{x}$ sind, gilt dann
$\mathfrak{A}\,\bar{\mathfrak{x}} = \overline{\lambda}_k \bar{\mathfrak{x}}$, wie man sich leicht überzeugt. $\bar{\mathfrak{x}}$ ist also Eigenvektor von
$\mathfrak{A}$ zum Eigenwert $\overline{\lambda}_k$. Wäre nun $\lambda_k \neq \overline{\lambda}_k$, so ergäbe sich nach dem
vorigen Satz

$$0 = \mathfrak{x}^{\mathsf{T}} \bar{\mathfrak{x}} = \sum_{i=1}^{n} x_i \bar{x}_i .$$

Wegen $x_i \bar{x}_i = |x_i|^2 \geqslant 0$ und $\mathfrak{x} \neq \mathfrak{o}$ ist jedoch $\sum_{i=1}^{n} x_i \bar{x}_i > 0$. Folglich

muß $\lambda_k = \overline{\lambda}_k$ sein, was nur für reelles λ_k möglich ist.

7.2. Quadratische Formen, Hauptachsentransformation

Definition 7.2: Eine Abbildung Q des K-Vektorraumes V in
den Körper K heißt q u a d r a t i s c h e   F o r m , wenn es eine
Bilinearform $\beta \in \underline{\mathrm{Mul}}_2(V)$ mit

$$Q(\underline{x}) = \beta(\underline{x},\underline{x}) \quad \text{für alle} \quad \underline{x} \in V$$

gibt.

Als einfache Folgerung aus der Definition ergibt sich:

U und V seien K-Vektorräume, $Q : V \rightarrow K$ sei eine quadratische Form
und $f : U \rightarrow V$ eine lineare Abbildung. Dann ist $Q \circ f$ eine auf U definierte und quadratische Form.

Quadratische Formen sind in der analytischen Geometrie von besonderer Bedeutung für die Beschreibung von Flächen zweiter Ordnung
(Quadriken).

Wir werden uns bei unseren weiteren Betrachtungen ausschließlich
auf solche quadratischen Formen beschränken, die auf Vektorräumen
über dem Körper $\underline{R}$ der reellen Zahlen definiert sind.

V sei ein $\underline{R}$-Vektorraum, $Q : V \to \underline{R}$ eine quadratische Form und
$\beta \in \underline{\mathrm{Mul}}_2(V)$ eine Bilinearform mit $Q(\underline{x}) = \beta(\underline{x},\underline{x})$ für $\underline{x} \in V$. Durch

$$\beta_Q(\underline{x},\underline{y}) = \frac{1}{2}[\beta(\underline{x},\underline{y}) + \beta(\underline{y},\underline{x})]$$

$$= \frac{1}{2}[Q(\underline{x} + \underline{y}) - Q(\underline{x}) - Q(\underline{y})]$$

für $\underline{x},\underline{y} \in V$ ist eine durch Q eindeutig bestimmte, symmetrische
Bilinearform $\beta_Q \in \underline{\mathrm{Mul}}_2(V)$ erklärt mit

$$\beta_Q(\underline{x},\underline{x}) = Q(\underline{x}) \quad \text{für} \quad \underline{x} \in V.$$

Ist β symmetrisch, so stimmen β und β_Q überein. Durch die Zuordnung $Q \to \beta_Q$ ist folglich eine bijektive Abbildung von der Menge der
quadratischen Formen $Q : V \to \underline{R}$ auf die Menge der symmetrischen
Bilinearformen aus $\underline{\mathrm{Mul}}_2(V)$ definiert.

Wir wenden uns jetzt den auf $\underline{R}^n$ erklärten quadratischen Formen
zu $(n \in \underline{N})$.

Nach Abschnitt 3.5 sind die Bilinearformen $\beta \in \underline{\mathrm{Mul}}_2(\underline{R}^n)$ und die
Matrizen $\mathfrak{B} \in \underline{\mathrm{Lin}}(\underline{R}^n,\underline{R}^n)$ einander umkehrbar eindeutig zugeordnet
durch

$$\beta(\mathfrak{x},\mathfrak{y}) = \mathfrak{x}^T\mathfrak{B}\mathfrak{y} \quad \text{für alle} \quad \mathfrak{x},\mathfrak{y} \in \underline{R}^n.$$

Daher gibt es zu jeder Matrix $\mathfrak{B} = ((b_{ik}))$ aus $\underline{\mathrm{Lin}}(\underline{R}^n,\underline{R}^n)$ eine
eindeutig bestimmte quadratische Form auf $\underline{R}^n$ - wir werden sie
künftig mit $Q_\mathfrak{B}$ bezeichnen - mit

$$Q_\mathfrak{B}(\mathfrak{x}) = \mathfrak{x}^T\mathfrak{B}\mathfrak{x} = \sum_{i=1}^{n}\sum_{k=1}^{n} b_{ik}x_i x_k \quad \text{für} \quad \mathfrak{x} = \begin{pmatrix} x_1 \\ \cdot \\ \cdot \\ \cdot \\ x_n \end{pmatrix} \in \underline{R}^n.$$

Umgekehrt ist jeder quadratischen Form Q auf $\underline{R}^n$ eindeutig eine
symmetrische Bilinearform β_Q zugeordnet und damit genau eine
symmetrische Matrix $\mathfrak{B} \in \underline{\mathrm{Lin}}(\underline{R}^n,\underline{R}^n)$, so daß $Q = Q_\mathfrak{B}$ ist.

Wir erhalten also mit der Zuordnung $\mathfrak{B} \to Q_\mathfrak{B}$ auch eine bijektive Abbildung von der Menge der symmetrischen Matrizen aus $\underline{\mathrm{Lin}}(\underline{R}^n,\underline{R}^n)$
auf die Menge der quadratischen Formen $Q : \underline{R}^n \to \underline{R}$.

Nun sei V irgendein n-dimensionaler $\underline{R}$-Vektorraum $(n \in \underline{N})$. Ferner sei $j : V \to \underline{R}^n$ eine Koordinatendarstellung von V und $Q : V \to \underline{R}$ eine quadratische Form. Zu der quadratischen Form $Q \circ j^{-1} : \underline{R}^n \to \underline{R}$ existiert dann genau eine symmetrische Matrix $\mathfrak{B} \in \underline{Lin}(\underline{R}^n,\underline{R}^n)$ mit $Q_{\mathfrak{B}} = Q \circ j^{-1}$, d.h. mit

$$Q(\underline{x}) = \mathfrak{r}^T \mathfrak{B} \mathfrak{r} \quad (\underline{x} \in V, j(\underline{x}) = \mathfrak{r}).$$

Ist j' eine andere Koordinatendarstellung und $j = \mathfrak{T} \circ j'$ ($\mathfrak{T}$ nichtsingulär), so ergibt sich die Darstellung

$$Q \circ j'^{-1} = Q_{\mathfrak{B}} \circ \mathfrak{T} = Q_{\mathfrak{C}} \quad \text{mit} \quad \mathfrak{C} = \mathfrak{T}^T \mathfrak{B} \mathfrak{T}.$$

(Ebenso gilt für einen Automorphismus t von V mit der bezüglich j zugeordneten Matrix $\mathfrak{T} = j \circ t \circ j^{-1}$

$$(Q \circ t) \circ j^{-1} = Q_{\mathfrak{B}} \circ \mathfrak{T} = Q_{\mathfrak{C}} \quad (\mathfrak{C} = \mathfrak{T}^T \mathfrak{B} \mathfrak{T}).)$$

Im folgenden wird gezeigt, wie für Q eine möglichst einfache Darstellung $Q_{\mathfrak{B}} = Q \circ j^{-1}$ gefunden werden kann, d.h. zu einer symmetrischen Matrix $\mathfrak{A}$ eine möglichst einfache Matrix der Form $\mathfrak{B} = \mathfrak{T}^T \mathfrak{A} \mathfrak{T}$ ($\mathfrak{T}$ nichtsingulär). Eine besondere Rolle spielt dabei noch wegen der geometrischen Anwendungen die zusätzliche Forderung, daß $\mathfrak{T}$ orthogonal sein soll.

Satz 7.8: Zu jeder symmetrischen Matrix $\mathfrak{A} \in \underline{Lin}(\underline{R}^n,\underline{R}^n)$ gibt es eine orthogonale Matrix $\mathfrak{C} \in \underline{Lin}(\underline{R}^n,\underline{R}^n)$, so daß $\mathfrak{D} = \mathfrak{C}^T \mathfrak{A} \mathfrak{C}$ Diagonalgestalt hat.

<u>Beweis:</u> Wir führen den Beweis durch Induktion nach der Dimension n.

Für $n = 1$ ist der Satz richtig. Es sei jetzt $n > 1$. Wir nehmen an, der Satz sei für $(n-1,n-1)$-Matrizen bewiesen.

Zunächst wird eine orthogonale Matrix $\mathfrak{C}_1$ angegeben, so daß $\mathfrak{M} = \mathfrak{C}_1^T \mathfrak{A} \mathfrak{C}_1$ die Gestalt

$$\mathfrak{M} = \begin{pmatrix} \lambda_1 & 0 & \cdots & 0 \\ 0 & & & \\ \vdots & & \mathfrak{B} & \\ 0 & & & \end{pmatrix}$$

hat.

Es sei $\lambda_1 \in \underline{R}$ ein Eigenwert von $\mathfrak{U}$. Ein solcher Eigenwert existiert, da $\mathfrak{U}$ eine symmetrische Matrix mit reellen Elementen ist (s. Satz 7.7). Ferner sei $\mathfrak{s}_1 \in \underline{R}^n$ ein Eigenvektor zum Eigenwert λ_1. Da mit $\mathfrak{s}_1$ auch jeder Vektor $c\,\mathfrak{s}_1$ mit $c \neq 0$ $(c \in \underline{R})$ Eigenvektor zu λ_1 ist, kann $\mathfrak{s}_1^{\mathsf{T}}\mathfrak{s}_1 = 1$ vorausgesetzt werden.

Nach Satz 6.5 kann man nun $\mathfrak{s}_1$ durch $n-1$ Vektoren $\mathfrak{s}_2, \ldots, \mathfrak{s}_n$ zu einem Orthonormalsystem in $\underline{R}^n$ ergänzen. Die Matrix $\mathfrak{S}_1 \in \underline{\mathrm{Lin}}(\underline{R}^n, \underline{R}^n)$ mit den Spaltenvektoren $\mathfrak{S}_1 e_i = \mathfrak{s}_i$ $(i = 1, \ldots, n)$ ist eine Orthogonalmatrix (s. Beispiel 6.1). Ferner gilt für die erste Spalte von $\mathfrak{M} = \mathfrak{S}_1^{\mathsf{T}}\mathfrak{U}\mathfrak{S}_1$:

$$\mathfrak{S}_1^{\mathsf{T}}\mathfrak{U}\mathfrak{S}_1 e_1 = \mathfrak{S}_1^{\mathsf{T}}\mathfrak{U}\mathfrak{s}_1 = \lambda_1 \mathfrak{S}_1^{\mathsf{T}}\mathfrak{s}_1 = \lambda_1 \begin{pmatrix} \mathfrak{s}_1^{\mathsf{T}}\mathfrak{s}_1 \\ \vdots \\ \mathfrak{s}_n^{\mathsf{T}}\mathfrak{s}_1 \end{pmatrix} = \begin{pmatrix} \lambda_1 \\ 0 \\ \vdots \\ 0 \end{pmatrix}.$$

Außerdem ist wegen $\mathfrak{U}^{\mathsf{T}} = \mathfrak{U}$

$$\mathfrak{M}^{\mathsf{T}} = (\mathfrak{S}_1^{\mathsf{T}}\mathfrak{U}\mathfrak{S}_1)^{\mathsf{T}} = \mathfrak{S}_1^{\mathsf{T}}\mathfrak{U}^{\mathsf{T}}\mathfrak{S}_1 = \mathfrak{S}_1^{\mathsf{T}}\mathfrak{U}\mathfrak{S}_1 = \mathfrak{M}.$$

$\mathfrak{M}$ ist also symmetrisch und hat daher die geforderte Gestalt. Dabei ist wegen der Symmetrie von $\mathfrak{M}$ auch die $(n-1, n-1)$-Matrix $\mathfrak{B}$ symmetrisch.

Nach Induktionsvoraussetzung existiert nun zu $\mathfrak{B}$ eine orthogonale $(n-1, n-1)$-Matrix $\mathfrak{S}_2$ mit

$$\mathfrak{S}_2^{\mathsf{T}}\mathfrak{B}\mathfrak{S}_2 = \begin{pmatrix} \lambda_2 & 0 & \cdots & 0 \\ 0 & \ddots & & \vdots \\ \vdots & & \ddots & \vdots \\ 0 & \cdots & \cdots & \lambda_n \end{pmatrix}. \qquad \mathfrak{S}_3 = \begin{pmatrix} 1 & 0 & \cdots & 0 \\ 0 & & & \\ \vdots & & \mathfrak{S}_2 & \\ 0 & & & \end{pmatrix} \text{ ist}$$

dann eine orthogonale (n, n)-Matrix, ebenso das Produkt $\mathfrak{S} = \mathfrak{S}_1\mathfrak{S}_3$, und es gilt

$$\mathfrak{S}^{\mathsf{T}}\mathfrak{U}\mathfrak{S} = \mathfrak{S}_3^{\mathsf{T}}\mathfrak{M}\mathfrak{S}_3 = \begin{pmatrix} \lambda_1 & 0 & \cdots & 0 \\ 0 & & & \\ \vdots & & \mathfrak{S}_2^{\mathsf{T}}\mathfrak{B}\mathfrak{S}_2 & \\ 0 & & & \end{pmatrix} = \begin{pmatrix} \lambda_1 & 0 & \cdots & 0 \\ 0 & \lambda_2 & \cdots & 0 \\ \vdots & \vdots & \cdots & \vdots \\ 0 & 0 & \cdots & \lambda_n \end{pmatrix}.$$

Der folgende Satz ist eine unmittelbare Anwendung des eben gewonnenen Ergebnisses.

Satz 7.9: E sei ein euklidischer Vektorraum der Dimension n
$(n \in \underline{N})$ und $Q : E \rightarrow \underline{R}$ eine quadratische Form. Es gibt dann eine
Orthonormalbasis $\{\underline{e}_1, \ldots, \underline{e}_n\}$ von E sowie Zahlen $\lambda_1, \ldots, \lambda_n \in \underline{R}$,
so daß

$$Q(\underline{x}) = \sum_{i=1}^{n} \lambda_i x_i^2 \qquad \left(\underline{x} = \sum_{i=1}^{n} x_i \underline{e}_i\right)$$

für alle $\underline{x} \in E$ gilt.

Beweis: Dem Übergang von $\mathfrak{A}$ zu $\mathfrak{D} = \mathfrak{S}^T \mathfrak{A} \mathfrak{S}$ in Satz 7.8 entspricht bei
einer quadratischen Form Q der Übergang von der Darstellung
$Q_{\mathfrak{A}} = Q \circ j^{-1}$ zu $Q_{\mathfrak{D}} = Q \circ j'^{-1}$ (j,j' Koordinatendarstellungen, $j = \mathfrak{S} \circ j'$).
j' ist dann Koordinatendarstellung zu einer Basis, für die die angege-
bene Gleichung gilt. Dies gilt ganz allgemein in $\underline{R}$-Vektorräumen.

Geht man nun bei einem euklidischen Vektorraum von einer Koordinatendarstellung j aus, die zu einer Orthonormalbasis gehört, so
ergibt sich die vollständige Aussage mit Hilfe von Satz 6.4.

Der hier vorliegenden Basistransformation entspricht in der analytischen Geometrie ein Wechsel des Koordinatensystems, so daß die
neuen Koordinatenachsen in die Richtungen der Hauptachsen einer
gegebenen Quadrik fallen. Man spricht daher von "Hauptachsen-
transformation".

Eine weitere Folge von Satz 7.8 ist

Satz 7.10: $\mathfrak{A} \in \underline{\text{Lin}}(\underline{R}^n, \underline{R}^n)$ sei eine symmetrische Matrix. Ist
λ ein p-facher Eigenwert von $\mathfrak{A}$ (d.h. p-fache Nullstelle des
charakteristischen Polynoms), so hat $\lambda \mathfrak{S} - \mathfrak{A}$ den Rang n - p.

Beweis: Nach Satz 7.8 gibt es eine orthogonale Matrix $\mathfrak{S}$ mit

$$\mathfrak{S}^T \mathfrak{A} \mathfrak{S} = \begin{pmatrix} \lambda_1 & 0 & \cdots & 0 \\ 0 & \lambda_2 & \cdots & 0 \\ \cdot & \cdot & \cdot & \cdot \\ 0 & 0 & \cdots & \lambda_n \end{pmatrix}.$$

Dabei ist $\det(X\mathfrak{E} - \mathfrak{A}) = (X - \lambda_1) \ldots (X - \lambda_n)$. Nun ist

$$\mathrm{Rang}(\lambda\mathfrak{E} - \mathfrak{A}) = \mathrm{Rang}[\mathfrak{S}^T(\lambda\mathfrak{E} - \mathfrak{A})\mathfrak{S}] = \mathrm{Rang}(\lambda\mathfrak{E} - \mathfrak{S}^T\mathfrak{A}\mathfrak{S}),$$

da $\mathfrak{S}$ nichtsingulär ist. Die letzte Matrix ist diagonal und p ihrer Hauptdiagonalelemente sind 0; denn für p der Zahlen λ_i gilt $\lambda_i = \lambda$. Daraus folgt die Behauptung.

7.3. Trägheitsgesetz quadratischer Formen

In diesem Abschnitt soll die Frage beantwortet werden, wann zu zwei auf $\underline{R}^n$ definierten quadratischen Formen $Q_\mathfrak{A}$, $Q_\mathfrak{B}$ eine nichtsinguläre Matrix $\mathfrak{T} \in \underline{\mathrm{Lin}}(\underline{R}^n,\underline{R}^n)$ existiert, die $Q_\mathfrak{A}$ in $Q_\mathfrak{B}$ überführt:

$$Q_\mathfrak{B} = Q_\mathfrak{A} \circ \mathfrak{T}.$$

Für die den quadratischen Formen zugeordneten symmetrischen Matrizen $\mathfrak{A}$ und $\mathfrak{B}$ bedeutet das

$$\mathfrak{B} = \mathfrak{T}^T\mathfrak{A}\mathfrak{T}.$$

Besteht ein derartiger Zusammenhang, so nennen wir die beiden quadratischen Formen **äquivalent**.

Ist beispielsweise V ein n-dimensionaler $\underline{R}$-Vektorraum und $Q:V \to \underline{R}$ eine quadratische Form, so wird Q durch unterschiedliche Koordinatendarstellungen j, j' von V in äquivalente quadratische Formen $Q_\mathfrak{A} = Q \circ j$, $Q_\mathfrak{B} = Q \circ j'$ überführt.

> <u>Satz 7.11</u>: $Q_\mathfrak{A}$ und $Q_\mathfrak{B}$ seien auf $\underline{R}^n$ definierte quadratische Formen. Es gibt genau dann eine orthogonale Matrix $\mathfrak{S} \in \underline{\mathrm{Lin}}(\underline{R}^n,\underline{R}^n)$, die $Q_\mathfrak{A}$ in $Q_\mathfrak{B}$ überführt $(Q_\mathfrak{B} = Q_\mathfrak{A} \circ \mathfrak{S})$, wenn für die zugeordneten symmetrischen Matrizen $\mathfrak{A}$ und $\mathfrak{B}$ die charakteristischen Polynome $\det(X\mathfrak{E} - \mathfrak{A})$ und $\det(X\mathfrak{E} - \mathfrak{B})$ übereinstimmen.

<u>Beweis</u>: Wenn eine orthogonale Matrix $\mathfrak{S}(=(\mathfrak{S}^T)^{-1})$ vorhanden ist, so daß $\mathfrak{S}^T\mathfrak{A}\mathfrak{S} = \mathfrak{B}$ gilt, so stimmen nach Satz 7.2 die charakteristischen Polynome überein.

Es sei nun umgekehrt vorausgesetzt, daß $\mathfrak{A}$ und $\mathfrak{B}$ dasselbe charakteristische Polynom $\varphi(X) = \det(X\,\mathfrak{E} - \mathfrak{A}) = \det(X\,\mathfrak{E} - \mathfrak{B})$ haben.

Nach Satz 7.8 existieren orthogonale Matrizen $\mathfrak{S}_1$, $\mathfrak{S}_2$ mit

$$\mathfrak{S}_1^{\mathsf{T}}\mathfrak{A}\,\mathfrak{S}_1 = \mathfrak{D}_1 = \begin{pmatrix} \lambda_1 & \cdots & 0 \\ & \ddots & \\ 0 & \cdots & \lambda_n \end{pmatrix}, \quad \mathfrak{S}_2^{\mathsf{T}}\mathfrak{B}\,\mathfrak{S}_2 = \mathfrak{D}_2 = \begin{pmatrix} \mu_1 & \cdots & 0 \\ & \ddots & \\ 0 & \cdots & \mu_n \end{pmatrix}.$$

Dabei bestehen die Beziehungen $\mu_i = \lambda_{\pi(i)}$ $(i = 1,\ldots,n)$ mit einer Permutation π auf $\{1,\ldots,n\}$; denn es gilt

$$\det(X\,\mathfrak{E} - \mathfrak{D}_1) = \varphi(X) = \det(X\,\mathfrak{E} - \mathfrak{D}_2).$$

Nun ist die durch $\mathfrak{W}_\pi e_i = e_{\pi(i)}$ $(i = 1,\ldots,n)$ definierte Matrix $\mathfrak{W}_\pi$ orthogonal, und es gilt

$$\mathfrak{D}_2 = \mathfrak{W}_\pi^{\mathsf{T}}\mathfrak{D}_1\mathfrak{W}_\pi,$$

$$\mathfrak{B} = (\mathfrak{S}_1\mathfrak{W}_\pi\mathfrak{S}_2^{\mathsf{T}})^{\mathsf{T}}\mathfrak{A}(\mathfrak{S}_1\mathfrak{W}_\pi\mathfrak{S}_2^{\mathsf{T}}).$$

Damit ist alles bewiesen; denn $\mathfrak{S}_1\mathfrak{W}_\pi\mathfrak{S}_2^{\mathsf{T}}$ ist als Produkt orthogonaler Matrizen orthogonal.

Ob quadratische Formen auf $\underline{R}^n$ mittels einer orthogonalen Matrix ineinander überführt werden können, erkennt man also an den Eigenwerten der zugehörigen symmetrischen Matrizen (unter Berücksichtigung der Vielfachheit); denn diese bleiben bei einer entsprechenden Transformation der quadratischen Form unverändert. Man sagt daher, die Eigenwerte seien "orthogonale Invarianten".

Ist $\mathfrak{A} \in \underline{\mathrm{Lin}}(\underline{R}^n, \underline{R}^n)$ eine symmetrische Matrix, so läßt sich das charakteristische Polynom $\det(X\,\mathfrak{E} - \mathfrak{A})$ in der Form

$$\det(X\,\mathfrak{E} - \mathfrak{A}) = (X - \lambda_1) \cdots (X - \lambda_n) \qquad (\lambda_i \in \underline{R})$$

schreiben. Für genau p der Faktoren $(X - \lambda_i)$ gelte $\lambda_i > 0$ und für genau q weitere $\lambda_i < 0$. Die Zahl $s = p - q$ wird als S i g n a t u r und $r = p + q$ $(= \mathrm{Rang}\ \mathfrak{A})$ auch als R a n g der quadratischen Form $Q_\mathfrak{A}$ bezeichnet.

Nach Satz 7.11 ist $Q_{\mathfrak{A}}$ äquivalent zu der quadratischen Form $Q_{\mathfrak{D}}: \underline{R}^n \to \underline{R}$, die zu der Diagonalmatrix $\mathfrak{D}$ mit den Spaltenvektoren $\mathfrak{D}e_i = \lambda_i e_i$ gehört. Rang und Signatur von $Q_{\mathfrak{A}}$ und $Q_{\mathfrak{D}}$ stimmen offensichtlich überein. Von dieser Überlegung wird im folgenden Gebrauch gemacht.

<u>Satz 7.12</u> (Trägheitsgesetz der quadratischen Formen): Zwei auf $\underline{R}^n$ erklärte quadratische Formen sind dann und nur dann äquivalent, wenn sie gleichen Rang und gleiche Signatur haben.

<u>Beweis</u>: Nach den vorangehenden Bemerkungen braucht man den Satz nur für quadratische Formen $Q_{\mathfrak{C}}$, $Q_{\mathfrak{D}}$ auf $\underline{R}^n$ mit Diagonalmatrizen

$$\mathfrak{C} = \begin{pmatrix} \lambda_1 & \cdots & 0 \\ & \ddots & \\ 0 & \cdots & \lambda_n \end{pmatrix}, \quad \mathfrak{D} = \begin{pmatrix} \mu_1 & \cdots & 0 \\ & \ddots & \\ 0 & \cdots & \mu_n \end{pmatrix}$$

zu beweisen.

Dabei kann noch

$$\lambda_i \begin{cases} > 0 & i \leq p \\ < 0 & p < i \leq r, \\ = 0 & r < i \end{cases} \qquad \mu_i \begin{cases} > 0 & i \leq p' \\ < 0 & p' < i \leq r' \\ = 0 & r' < i \end{cases}$$

vorausgesetzt werden. Rang und Signatur von $Q_{\mathfrak{C}}$ und $Q_{\mathfrak{D}}$ stimmen genau dann überein, wenn $r = r'$ und $p = p'$ gilt.

Im Falle gleichen Rangs und gleicher Signatur ist eine nichtsinguläre Diagonalmatrix $\mathfrak{T}_D \in \underline{\text{Lin}}(\underline{R}^n, \underline{R}^n)$ mit den Spalten $\mathfrak{T}_D e_i = \sqrt{\frac{\mu_i}{\lambda_i}} \, e_i$ für $i \leq r$ und $\mathfrak{T}_D e_i = e_i$ für $i > r$ definiert. Für diese gilt $\mathfrak{D} = \mathfrak{T}_D{}^T \mathfrak{C} \mathfrak{T}_D$; $Q_{\mathfrak{C}}$ und $Q_{\mathfrak{D}}$ sind also äquivalent.

Nun sei umgekehrt Äquivalenz vorausgesetzt: $Q_{\mathfrak{D}} = Q_{\mathfrak{C}} \circ \mathfrak{T}$ ($\mathfrak{T}$ nichtsingulär). Dann ist zunächst $r = \text{Rang } \mathfrak{C} = \text{Rang } \mathfrak{T}^T \mathfrak{C} \mathfrak{T} = \text{Rang } \mathfrak{D} = r'$. Wir setzen nun $U = \mathscr{L}\{e_1, \ldots, e_p\}$, $V = \mathscr{L}\{e_{p'+1}, \ldots, e_n\}$. Damit gilt $Q_{\mathfrak{C}}(\mathfrak{T}\mathfrak{v}) = Q_{\mathfrak{D}}(\mathfrak{v}) \leq 0$ für $\mathfrak{v} \in V$ und $Q_{\mathfrak{C}}(\mathfrak{u}) > 0$ für $\mathfrak{u} \in U$, $\mathfrak{u} \neq \mathfrak{o}$ und

folglich $\mathfrak{T}[V] \cap U = \{o\}$. Man entnimmt daraus, daß
$\{\mathfrak{T}e_1,\ldots,\mathfrak{T}e_p,e_{p'+1},\ldots,e_n\}$ linear unabhängig ist. Deshalb gilt
$p + (n - p') \leq n$, also ist $p \leq p'$. Da die Eigenschaft der Äquivalenz
für $Q_{\mathfrak{S}}$ und $Q_{\mathfrak{D}}$ symmetrisch ist, ergibt sich ebenso $p' \leq p$. Es gilt
also $p = p'$. Damit ist alles bewiesen.

Äquivalenz und Überführbarkeit durch orthogonale Matrizen führen
zu einer Klasseneinteilung der quadratischen Formen und entsprechend
zu einer Klassifizierung der Flächen zweiter Ordnung, auf die jedoch
hier nicht näher eingegangen werden soll.

7.4. Definite quadratische Formen

Definition 7.3: V sei ein $\underline{R}$-Vektorraum. Eine quadratische Form
$Q : V \to \underline{R}$ heißt

(a) positiv definit, wenn $Q(\underline{x}) > 0$ für alle $\underline{x} \in V \backslash \{\underline{0}\}$,

(b) negativ definit, wenn $Q(\underline{x}) < 0$ für alle $\underline{x} \in V \backslash \{\underline{0}\}$,

(c) semidefinit, wenn $Q(\underline{x}) \geq 0$ für alle $\underline{x} \in V$ bzw. $Q(\underline{x}) \leq 0$
   für alle $\underline{x} \in V$, jedoch $Q(\underline{y}) = 0$ für mindestens ein $\underline{y} \in V \backslash \{\underline{0}\}$,

(d) indefinit, wenn $Q(\underline{x}) > 0$ und $Q(\underline{y}) < 0$ für mindestens
   ein $\underline{x} \in V$ und ein $\underline{y} \in V$ gilt.

U, V seien $\underline{R}$-Vektorräume, $f : U \to V$ ein Isomorphismus und $Q : V \to \underline{R}$
eine quadratische Form. Die quadratische Form $Q' = Q \circ f$ auf U hat
dann dieselbe der in Definition 7.3 genannten Eigenschaften (a), (b),
(c), (d) wie Q. Insbesondere überträgt sich eine derartige Eigenschaft bei einer Koordinatendarstellung $j : V \to \underline{R}^n$ auf die Q repräsen-
tierende quadratische Form $Q \circ j^{-1}$.

Satz 7.13: $Q_{\mathfrak{A}} : \underline{R}^n \to \underline{R}$ sei eine quadratische Form, und $\lambda_1,\ldots,\lambda_n$
seien die Eigenwerte der zugehörigen symmetrischen Matrix $\mathfrak{A}$.
$Q_{\mathfrak{A}}$ ist dann und nur dann

(a) positiv definit, wenn $\lambda_i > 0$ für $i = 1,\ldots,n$,

(b) negativ definit, wenn $\lambda_i < 0$ für $i = 1,\ldots,n$,

(c) semidefinit, wenn $\lambda_i \geq 0$ für $i = 1,\ldots,n$ bzw. $\lambda_i \leq 0$ für
   $i = 1,\ldots,n$, jedoch $\lambda_k = 0$ für mindestens ein k,

(d) indefinit, wenn $\lambda_i > 0$ und $\lambda_k < 0$ für mindestens ein i und
   ein k

gilt.

Es gibt nämlich eine zu $Q_{\mathfrak{A}}$ äquivalente quadratische Form $Q_{\mathfrak{D}} = Q_{\mathfrak{A}} \circ \mathfrak{S}$
mit $Q_{\mathfrak{D}}(e_i) = \lambda_i$ (vgl. Abschnitt 7.2). Daraus ergeben sich alle Be-
hauptungen des Satzes.

Die Definitheitseigenschaften lassen sich übrigens auch durch Rang r
und Signatur s von $Q_{\mathfrak{A}}$ kennzeichnen:

(a) s = n: positiv definit,

(b) s = - n: negativ definit,

(c) $|s| = r < n$: semidefinit,

(d) $|s| < r$:   indefinit.

Eine Anwendung von Betrachtungen in diesem Abschnitt ist der folgende Satz, dessen Beweis auf E r h a r d   S c h m i d t zurückgeht.

<u>Satz 7.14</u>: Jede nichtsinguläre Matrix $\mathfrak{A} \in \underline{Lin}(\underline{R}^n,\underline{R}^n)$ läßt sich
auf die Form

$$\mathfrak{A} = \mathfrak{S}_1 \mathfrak{D} \mathfrak{S}_2 \quad (\mathfrak{S}_1,\mathfrak{S}_2,\mathfrak{D} \in \underline{Lin}(\underline{R}^n,\underline{R}^n))$$

bringen, wo $\mathfrak{S}_1$ und $\mathfrak{S}_2$ orthogonal sind und $\mathfrak{D}$ Diagonalform hat.

<u>Beweis</u>: Die zur Einheitsmatrix gehörige quadratische Form $Q_{\mathfrak{E}}: \underline{R}^n \to \underline{R}$
ist positiv definit. Dasselbe gilt daher auch für die äquivalente quadra-
tische Form $Q_{\mathfrak{B}} = Q_{\mathfrak{E}} \circ \mathfrak{A}$. Dabei ist $\mathfrak{B} = \mathfrak{A}^T\mathfrak{A}$. Nach Satz 7.8 gibt es
eine orthogonale Matrix $\mathfrak{S}$ mit

$$\mathfrak{S}^T\mathfrak{A}^T\mathfrak{A}\mathfrak{S} = \mathfrak{C} = \begin{pmatrix} \lambda_1 & \cdots & 0 \\ & \ddots & \\ 0 & \cdots & \lambda_n \end{pmatrix}.$$

Darin sind die Eigenwerte λ_i sämtlich positiv. Man kann daher in
$\underline{Lin}(\underline{R}^n,\underline{R}^n)$

$$\mathfrak{D} = \begin{pmatrix} \sqrt{\lambda_1} & \cdots & 0 \\ \vdots & \ddots & \vdots \\ 0 & \cdots & \sqrt{\lambda_n} \end{pmatrix}$$

bilden. Es ist $\mathfrak{D}^\mathsf{T}\mathfrak{D} = \mathfrak{C}$.

Aus

$$\mathfrak{S}^\mathsf{T}\mathfrak{A}^\mathsf{T}\mathfrak{A}\mathfrak{S} = \mathfrak{D}^\mathsf{T}\mathfrak{D}$$

folgt

$$(\mathfrak{A}^\mathsf{T})^{-1}\mathfrak{S}\mathfrak{D}^\mathsf{T}\mathfrak{D}\mathfrak{S}^\mathsf{T}\mathfrak{A}^{-1} = \mathfrak{C},$$

d.h.

$$(\mathfrak{D}\mathfrak{S}^\mathsf{T}\mathfrak{A}^{-1})^\mathsf{T}(\mathfrak{D}\mathfrak{S}^\mathsf{T}\mathfrak{A}^{-1}) = \mathfrak{C},$$

und die Matrix

$$\mathfrak{S}_1 = (\mathfrak{D}\mathfrak{S}^\mathsf{T}\mathfrak{A}^{-1})^\mathsf{T}$$

ist daher orthogonal. Mit $\mathfrak{S}_2 = \mathfrak{S}^\mathsf{T}$ gilt also

$$\mathfrak{A} = \mathfrak{S}_1\mathfrak{D}\mathfrak{S}_2.$$

Es sei $\mathfrak{A} \in \underline{\mathrm{Lin}}(\underline{R}^n,\underline{R}^n)$ und $\det(X\mathfrak{C} - \mathfrak{A}) = (X - \lambda_1) \cdots (X - \lambda_n)$. Dann gilt $\det \mathfrak{A} = \lambda_1 \ldots \lambda_n$.

Ist speziell $n = 2$ und $\mathfrak{A} = \begin{pmatrix} a_{11} & a_{12} \\ a_{12} & a_{22} \end{pmatrix}$, so ergibt sich $\lambda_1\lambda_2 = a_{11}a_{22} - a_{12}^2$. Ferner ist die quadratische Form $Q_\mathfrak{A}$ für

$$\lambda_1\lambda_2 \begin{cases} > 0 & \text{(positiv oder negativ) definit} \\ = 0 & \text{semidefinit} \\ < 0 & \text{indefinit} \end{cases}$$

<u>Aufgabe</u>: Man beweise unter Verwendung dieser Überlegungen die S c h w a r z sche Ungleichung (s. Abschnitt 6.2).

Anleitung: Man bilde für Vektoren $\underline{u}$, $\underline{v}$ des euklidischen Vektorraumes E die Matrix

$$\mathfrak{D} = \begin{pmatrix} \langle \underline{u},\underline{u} \rangle & \langle \underline{u},\underline{v} \rangle \\ \\ \langle \underline{u},\underline{v} \rangle & \langle \underline{v},\underline{v} \rangle \end{pmatrix} .$$

$Q_{\mathfrak{D}}$ ist dann positiv definit oder semidefinit.

Anhang

<u>Vollständige Induktion</u>

Um nachzuweisen, daß eine Aussage $A(n)$ für alle natürlichen Zahlen
n richtig ist, geht man folgendermaßen vor: Man zeigt zunächst $A(n)$
für $n = 1$. Unter der Voraussetzung, daß $A(n)$ für eine beliebiges
$n \in \underline{N}$ richtig ist, zeigt man dann $A(n + 1)$ (S c h l u ß v o n n a u f
n + 1) .

Diese Beweismethode ist wegen der folgenden Eigenschaft der natürlichen Zahlen möglich: Für eine Teilmenge M von $\underline{N}$, die 1 enthält
und mit jedem n auch $n + 1$, gilt $M = \underline{N}$ (P r i n z i p d e r v o l l -
s t ä n d i g e n I n d u k t i o n) .

Wir nennen noch zwei Abwandlungen des Induktionsschlusses, die
auch häufig verwendet werden:

a) $A(n)$ wird durch die Aussage $A'(n)$ ersetzt, die lautet: "$A(k)$
für alle $k \leq n$". Das bedeutet, daß die ursprüngliche Aussage für $n + 1$
unter der Voraussetzung gezeigt wird, daß sie für a l l e $k \leq n$ gilt.

b) Will man eine Aussage nicht für alle natürlichen Zahlen, sondern
nur für alle $n \in \underline{N}$ mit $n \leq n_0$ beweisen, so ist das auch mit diesem
Verfahren möglich. Man braucht nämlich nur die Aussage $A(n)$ durch
$A''(n)$: "Aus $n \leq n_0$ folgt $A(n)$" zu ersetzen.

Wir werden uns im folgenden Abschnitt über Permutationen gleich
des Prinzips der vollständigen Induktion bedienen.

<u>Permutationen</u>

Es sei $N = \{1, \ldots, n\}$. Die bijektiven Abbildungen der Menge N auf
sich werden auch P e r m u t a t i o n e n auf N genannt. $\mathfrak{S}_n$ bezeichne
die Menge der Permutationen auf N. Nach Beispiel 2.4 bildet $\mathfrak{S}_n$ mit

derjenigen inneren Verknüpfung, die je zwei Elementen $\pi, \sigma \in \mathfrak{S}_n$ ihre Komposition $\pi \circ \sigma$ zuordnet, eine Gruppe. Diese Gruppe heißt **symmetrische Gruppe**.

Die speziellen Permutationen, die zwei Zahlen in N vertauschen und die übrigen festlassen, werden **Transpositionen** genannt. Es gilt der folgende Satz:

Jede Permutation aus $\mathfrak{S}_n$ $(n \geqslant 2)$ ist als Komposition von Transpositionen darstellbar.

Beweis: Für $r = 1,\ldots,n$ sei S_r die Teilmenge derjenigen Elemente in $\mathfrak{S}_n$, die mindestens $n - r$ Zahlen in N festlassen. Wir zeigen mit Hilfe vollständiger Induktion für alle r, daß die Permutationen in S_r Komposition von Transpositionen sind.

Es ist $S_1 = \{1_N\}$. S_2 enthält 1_N und alle Transpositionen auf N. Folglich ist die Behauptung für $r = 1$ und $r = 2$ richtig. Unter der Voraussetzung, daß sie für ein beliebiges r gilt, beweisen wir sie nun für $r + 1$. Es sei $\pi \in S_{r+1}$ und $\pi \neq 1_N$. Dann gibt es Zahlen $i, j \in N$ mit $i \neq j$ und $\pi(i) = j$. Mit der Transposition τ, die i und j vertauscht ist $\pi' = \tau \circ \pi$ offenbar ein Element aus S_r. Nach Induktionsvoraussetzung gibt es dann eine Darstellung $\pi' = \tau_1 \circ \ldots \circ \tau_s$, wobei τ_i Transpositionen sind. Daher ist $\pi = \tau \circ \tau_1 \circ \ldots \circ \tau_s$ $(\tau = \tau^{-1})$, womit die Behauptung bewiesen ist.

Die Darstellung einer Permutation als Komposition von Transpositionen ist nicht eindeutig. Man kann aber sagen, daß die Anzahl der Transpositionen in den verschiedenen Darstellungen entweder immer gerade oder immer ungerade ist. Zum Beweis dieser Aussage konstruieren wir folgende Abbildung d von der Menge $\mathfrak{S}_n$ in die Menge der ganzen Zahlen $\underline{Z}$:

$$d(\pi) = \prod_{n \geqslant i > j \geqslant 1} (\pi(i) - \pi(j)), \qquad \pi \in \mathfrak{S}_n.$$

Es sei τ eine Transposition; τ vertausche die Zahlen i_0 und j_0 $(i_0 > j_0)$. Mit

$$d_0(\pi) = \prod_{\substack{i > j \\ i \neq i_0, j_0 \\ j \neq i_0, j_0}} (\pi(i) - \pi(j)),$$

$$d_1(\pi) = \prod_{i > i_0} [(\pi(i) - \pi(i_0))(\pi(i) - \pi(j_0))],$$

$$d_2(\pi) = \prod_{j_0 > i} [(\pi(i_0) - \pi(i))(\pi(j_0) - \pi(i))],$$

$$d_3(\pi) = \prod_{i_0 > i > j_0} [(\pi(i_0) - \pi(i))(\pi(i) - \pi(j_0))]$$

ist

$$d(\pi) = d_0(\pi) \cdot d_1(\pi) \cdot d_2(\pi) \cdot d_3(\pi) \cdot (\pi(i_0) - \pi(j_0))$$

für alle $\pi \in \mathfrak{S}_n$. Offenbar gilt $d_l(\pi \circ \tau) = d_l(\pi)$ für $l = 0,1,2,3$ und daher $d(\pi \circ \tau) = -d(\pi)$. Für $\pi \in \mathfrak{S}_n$ sei nun $\pi = \tau_1 \circ \ldots \circ \tau_s$ mit Transpositionen τ_i. Dann gilt

$$d(\pi) = (-1)^s d\left(\pi \circ \tau_s^{-1} \circ \ldots \circ \tau_1^{-1}\right) = (-1)^s d(1_N).$$

Daher kann s entweder nur gerade oder ungerade sein.

Wir ordnen nun jeder Permutation $\pi \in \mathfrak{S}_n$ die Zahl $\operatorname{sgn} \pi = \dfrac{d(\pi)}{d(1_N)}$ (lies "signum π") zu, die entweder 1 oder -1 ist. Man nennt π ge-rade, wenn $\operatorname{sgn} \pi = 1$ und ungerade, wenn $\operatorname{sgn} \pi = -1$ ist.

Die Menge $\mathfrak{S}_n$ enthält $1 \cdot 2 \cdot 3 \ldots \cdot n = n!$ (lies "n Fakultät") Elemente.

Es sei $p \in \underline{N}$ und $p \leqslant n$. Die Menge der Abbildungen $\alpha: \{1,\ldots,p\} \to N$, $N = \{1,\ldots,n\}$, die die Eigenschaft $\alpha(1) < \ldots < \alpha(p)$ haben, enthält ge-rade $\dfrac{n!}{p!(n-p)!} = \binom{n}{p}$ (lies "n über p") Elemente, ebenso die Menge $\mathfrak{S}_n^{(p)}$ der Permutationen $\sigma \in \mathfrak{S}_n$ mit

$$\sigma(1) < \ldots < \sigma(p), \quad \sigma(p+1) < \ldots < \sigma(n).$$

Ergänzend wird $\binom{n}{0} = 1$ gesetzt. Man nennt $\binom{n}{p}$ auch B i n o m i a l -
k o e f f i z i e n t , weil er in der Formel

$$(a + b)^n = \sum_{p=0}^{n} \binom{n}{p} a^{n-p} b^p$$

(Binomischer Satz) für beliebige Elemente a, b eines Ringes auf-
tritt.

Polynome und Körpererweiterungen

R und P seien kommutative Ringe mit E inselement, und R sei Un-
terring von P. P heißt P o l y n o m r i n g über R in (der Unbestimmten)
X, wenn $X \in P$ ist und jedes Element aus P auf genau eine Weise in
der Form

$$a_n X^n + \ldots + a_1 X + a_0 \qquad (a_n \neq 0)$$

mit $n \in \underline{N} \cup \{0\}$ und $a_0, \ldots, a_n \in R$ dargestellt werden kann. Wir
schreiben dann P = R[X]. Zu dem gegebenen Ring R läßt sich stets
ein Polynomring R[X] konstruieren.

Für die Elemente $p \in R[X]$ schreiben wir auch p(X) und nennen
sie P o l y n o m e (über R). Der höchste in p(X) auftretende Expo-
nent n von X wird als G r a d des Polynoms bezeichnet. Ist R Un-
terring eines Ringes S,

$$p(X) = a_n X^n + \ldots + a_1 X + a_0 \in R[X]$$

und $s \in S$, so setzt man

$$p(s) = a_n s^n + \ldots + a_1 s + a_0.$$

Es ist $p(s) \in S$.

L sei ein Körper und K ein Unterkörper von L. Wir nennen dann
auch L einen E r w e i t e r u n g s k ö r p e r von K. Es sei $u \in L$. Man
sagt, die Körpererweiterung L von K sei durch u e r z e u g t und
schreibt L = K(u), wenn es keinen Unterkörper L' von L mit $L \neq L'$,
$K \subset L'$, $u \in L'$ gibt.

u heißt **algebraisch** über K, wenn $p(u) = 0$ für ein Polynom
$p(X) \in K[X]$ ist; andernfalls heißt u **transzendent** über K.
Ist $p(u) = 0$, so läßt sich $p(X)$ wie folgt zerlegen:

$$p(X) = (X - u)^k q(X) \quad \text{mit} \quad q(X) \in L[X], \quad q(u) \neq 0.$$

(Es ist $K[X] \subset L[X]$.) u heißt dann **k-fache Nullstelle** oder
Wurzel von $p(X)$. Ein Polynom n-ten Grades hat offensichtlich
höchstens n verschiedene Nullstellen.

K heißt **algebraisch abgeschlossen**, wenn bereits in $K[X]$
jedes Polynom $p(X)$ als Produkt von Polynomen ersten Grades geschrieben werden kann:

$$p(X) = (X - u_1) \ldots (X - u_n) \quad (u_i \in K).$$

Zu jedem Körper gibt es einen algebraisch abgeschlossenen Erweiterungskörper.

Ist K ein Körper, so läßt sich zu dem Polynomring $K[X]$ stets ein
Erweiterungskörper L von K konstruieren mit $L = K(X)$. Es ist
$K[X] \subset K(X)$, und X ist transzendent über K. Für mehrere Unbe-
stimmte definiert man rekursiv

$$K[X_1, \ldots, X_{n-1}, X_n] = (K[X_1, \ldots, X_{n-1}])[X_n],$$

$$K(X_1, \ldots, X_{n-1}, X_n) = (K(X_1, \ldots, X_{n-1}))(X_n).$$

Literaturverzeichnis

1. Artin, E.: Galoissche Theorie, 2. Aufl., Zürich, Frankfurt/
    Main 1968.

2. Baer, R.: Linear Algebra und Projective Geometry, New York
    1952.

3. Bourbaki, N.: Eléments de mathématique, Algèbre, chap.
    1-3, nouvelle éd., Paris 1970.

4. Fraenkel, A.: Abstract Set Theory, Amsterdam 1969.

5. Greub, W.: Linear Algebra, 3. Aufl., Berlin 1967.

6. Gröbner, W.: Matrizenrechnung, Mannheim 1966.

7. Grotemeyer, K. P.: Analytische Geometrie, 3. Aufl.,
    Berlin 1964.

8. Grotemeyer, K. P.: Tschampel, L.: Lineare Al-
    gebra, Mannheim 1970.

9. Hasse, H.: Höhere Algebra, Bd. I, 6. Aufl., Berlin 1969,
    Bd. II, 5. Aufl., Berlin 1967.

10. Hornfeck, B.: Algebra, Berlin 1973.

11. Kamke, E.: Mengenlehre, 7. Aufl., Berlin 1971.

12. Klingenberg, W.; Klein, P.: Lineare Algebra und
    analytische Geometrie, Bd. I, Mannheim 1971, Bd. II, Mann-
    heim 1972.

13. Kochendörfer, R.: Determinanten und Matrizen, Stutt-
    gart 1970.

14. Kowalsky, H.-J.: Lineare Algebra, 6. Aufl., Berlin 1972.

15. Lingenberg, R.: Lineare Algebra, Mannheim 1969.

16. O'Meara, O. T.: Introduction to Quadratic Forms, 3. Aufl.,
    Berlin 1973.

17. Pickert, G.: Analytische Geometrie, 6. Aufl., Leipzig 1967.

18. Sperner, E.: Einführung in die analytische Geometrie und
    Algebra, Teil I, 7. Aufl., Göttingen 1969, Teil II, 5. Aufl., Göt-
    tingen 1964.

19. van der Waerden, B. L.: Algebra I, 8. Aufl., Berlin 1971.

20. Zurmühl, R.: Matrizen und ihre technischen Anwendungen,
    4. Aufl., Berlin 1964.

Sachverzeichnis